计算机课程改革教材——任务实训系列

U0062944

Dreamweaver CS3 网页制作

张　巍　总主编

王小平　林　波　林柏涛　龙天才　副总主编

张　伟　主　编

刘雪莉　主　审

电子工业出版社

Publishing House of Electronics Industry

北京·BEIJING

内 容 简 介

本书介绍了利用 Dreamweaver CS3 进行网页制作的各种操作方法。全书共 9 个学习模块，主要内容包括：Dreamweaver CS3 的基础操作、在网页中添加文本、在网页中添加图像、在网页中添加动态元素、为网页添加超级链接、网页布局、在网页中使用表单和行为、制作 ASP 动态网页和发布与测试网站等。

全书按照"任务驱动与上机实训相结合"的教学方式组织教材内容，从任务入手，让学生能够循序渐进地掌握使用 Dreamweaver CS3 进行网页制作的方法。同时，将丰富生动的实训贯穿于知识点中，让学生在操作过程中进一步掌握相关知识的使用技能，并且能够利用所学知识来解决工作或学习中遇到的实际问题。本书每个模块分为几个学习任务，然后进行上机实训，最后安排练习题，以便于学生课后实践与提高；而每个任务主要由"任务目标+操作思路+操作步骤+学习与探究"的结构进行讲解。

本书适用于中职学生及社会培训人员。本书配有电子教学参考资料包，内容包括电子教案，教学指南。

图书在版编目（CIP）数据

Dreamweaver CS3 网页制作 / 张伟主编. —北京：电子工业出版社，2011.8

计算机课程改革教材. 任务实训系列

ISBN 978-7-121-13662-7

Ⅰ.①D⋯ Ⅱ.①张⋯ Ⅲ.①网页制作工具，Dreamweaver CS3—中等专业学校—教材 Ⅳ.①TP393.092

策划编辑：肖博爱

责任编辑：郝黎明　　文字编辑：裴　杰

印　　刷：涿州市京南印刷厂

装　　订：涿州市桃园装订有限公司

出版发行：电子工业出版社

　　　　　北京市海淀区万寿路 173 信箱　　邮编 100036

开　　本：787×1092　　1/16　　印张：14.5　　字数：372 千字

印　　次：2011 年 8 月第 1 次印刷

印　　数：3 000 册　　定价：28.00 元

前 言

☑ 丛书背景

中等职业教育是我国高中阶段教育的重要组成部分，而中等职业学校的教学目标是培养具有综合职业能力的高素质技能型人才，随着我国中等职业教育改革的不断深入与创新，以就业为导向、以学生为本并提倡学生全面发展的职业教育理念迅速应用到教学过程中，从而很好地完成了从重知识到重能力的转化过程。职业教育的课程特点主要体现在以下几个方面：

- 以就业为导向，满足职业发展需求；
- 以学生为本，激发学习兴趣；
- 以技能培养为主线，解决实际问题；
- 重视与实践紧密结合的项目任务和实训。

本套"中等职业学校·任务实训教程"就是顺应这种转化趋势应运而生，丛书编委会调查了多所中等职业学校，并总结了众多优秀老师的教学方式与教学思路，从而打造出以"任务驱动与上机实训相结合"的教学方式，让学生易学、易就业，让老师易教、易拓展。

☑ 本书内容

在互联网普及的今天，网络是人们经常接触的对象，网页设计也成为互联网应用领域下不可或缺的技能之一。为了让初学网页设计的用户在有限的时间里快速掌握网页设计的基本技能，我们特编写了本书《Dreamweaver CS3 网页制作》。

本书内容全面、语言流畅且实用性强。全书以网页设计流程为主线，前面介绍了网页设计中涉及到的各方面的知识。全书共分为 9 个模块，各模块的主要内容如下。

- 模块一：主要讲解 Dreamweaver CS3 的基础操作，包括：认识 Dreamweaver CS3 的操作界面、创建与管理站点和新建、保存、打开、预览和设置网页等主要知识。
- 模块二：主要讲解在网页中添加文本的操作，包括：添加文本、水平线、活动字幕、设置文本格式、设置段落格式、创建编号列表及项目列表等主要知识。
- 模块三：主要讲解在网页中添加图像的操作，包括：插入与编辑图像、插入导航条、设置网页背景图像、制作鼠标经过图像、设置图像大小、对齐方式、边距、边框、裁切图像以及创建图像热点等主要知识。
- 模块四：主要讲解在网页中添加动态元素的操作，包括：插入 Flash 动画和视频、插入 Flash 按钮、插入 Flash 文本、插入 Shockwave 影片、插入视频插件、添加背景音乐、嵌入页面音乐以及添加音乐链接等主要知识。
- 模块五：主要讲解为网页添加超级链接的操作，包括：创建文本超级链接、创建电子邮件超级链接、创建图像超级链接、创建并命名锚记链接以及设置超级链接格式等主要知识。

- 模块六：主要讲解网页布局的操作，包括：使用表格布局网页、使用 CSS+Div 布局网页、使用框架布局网页和使用模板布局网页等主要知识。
- 模块七：主要讲解在网页中使用表单和行为的操作，包括：创建表单、添加文本字段、文本区域、单选按钮组、下拉列表框、按钮以及添加交换图像和容器文本行为等主要知识。
- 模块八：主要讲解制作 ASP 动态网页的操作，包括：安装与配置 IIS、创建 Access 数据库、创建与配置动态站点、创建数据源、创建记录集、插入记录、添加重复区域以及设置记录集分页等主要知识。
- 模块九：主要讲解发布与测试网站的操作，包括：主页空间及域名的申请、网站的测试以及网站的发布等主要知识。

☑ 本书特色

本书具有以下一些特色。

（1）分模块化讲解，任务目标明确

每个模块都给出了"模块介绍"和"学习目标"，便于学生了解模块介绍的相关内容并明确学习目的，然后通过完成几个任务和上机实训来学习相关操作，同时每个任务还给出了任务目标、操作思路和操作步骤，使学生明确需要掌握的知识点和操作方法。

（2）以学生为本，注重学以致用

在任务讲解过程中，通过各种"技巧"和"提示"为学生提供了更多解决问题的方法和掌握更为全面的知识，而每个任务制作完成后通过学习与探究板块总结了相关软件知识与操作技能，并引导学生尝试如何更好、更快地完成任务以及类似任务的制作方法等。

（3）实训丰富，巩固操作

本书提供了丰富的实训项目，让学生在制作实训的同时，对所用工具软件的操作方法有了更加深入的理解，有助于帮助学生快速掌握该软件的使用方法。

（4）边学边实践，自我提高

各模块最后提供有大量练习题，给出了各练习的最终效果和制作思路，在进一步巩固前面所学知识基础上重点培养学生的实际动手能力，并拓展学生的思维，有利于自我提高。

☑ 本书作者

本书由张巍担任总主编，王小平、林波、林柏涛、龙天才为副总主编，本书具体编写分工如下：张伟担任主编，刘雪莉担任主审，廖文瑜、刘建军、罗洪远为副主编，参加编写的还有陈琦、李梁雅、彭燕翔、叶桦、夏维、喻智全、周兴焰。

由于编者水平有限，书中疏漏和不足之处在所难免，恳请广大读者及专家不吝赐教。为了方便教学，本书配有电子教学参考资料包，内容包括教学指南、电子教案（电子版），请有此需要的教师登录华信教育资源网（http://www.hxedu.com.cn）下载或与电子工业出版社联系（E-mail：xiaoboai@phei.com.cn）。

编者

目　录

模块一　Dreamweaver CS3 基本操作.........1

任务一　认识 Dreamweaver CS3.............1

　　操作一　Dreamweaver CS3 界面介绍.............2

　　操作二　自定义 Dreamweaver CS3 收藏夹.....2

任务二　创建与管理"公司简介"

　　　　站点....................................9

　　操作一　创建站点..............................9

　　操作二　管理站点........................... 10

任务三　制作"公司介绍"网页...........13

　　操作一　新建和保存网页.......... 14

　　操作二　打开和预览网页.......... 15

　　操作三　设置网页属性.......... 16

实训一　规范"汽车销售"网站.......17

实训二　创建"房地产公司"站点.......18

实践与提高.................................19

模块二　为网页添加文本.........................20

任务一　制作"公司介绍"网页的

　　　　文本...................................20

　　操作一　添加文本并换行........... 21

　　操作二　添加日期和水平线........... 23

　　操作三　添加活动字幕........... 24

任务二　制作"天府美食"网页的

　　　　文本...................................25

　　操作一　输入文本........................ 26

操作二　设置文本格式.......................26

操作三　设置段落格式.......................29

任务三　制作"汽车销售"网页的

　　　　文本................................ 30

　　操作一　输入文本并创建编号列表........... 31

　　操作二　创建项目列表........... 32

　　操作三　美化网页文本........... 34

实训一　制作"产品介绍"网页文本 .. 35

实训二　制作"听读看"网页文本.......36

实践与提高.................................37

模块三　为网页添加图像.........................40

任务一　添加"公司介绍"网页的

　　　　图像..................................40

　　操作一　插入并编辑图像.........41

　　操作二　插入导航条.........43

　　操作三　设置网页背景图像.........47

　　操作四　制作鼠标经过图像.........48

任务二　制作"红玫瑰化妆品"网页 .. 51

　　操作一　制作与编辑网页文本....................52

　　操作二　设置图像大小和对齐方式.............54

　　操作三　设置图像边距和边框.............55

　　操作四　裁切和调整图像.............56

　　操作五　创建和设置热点.............59

实训一　添加"汽车销售"网页图像 .. 64

实训二　制作"动物世界"网页 65

实践与提高 66

模块四　为网页添加动态元素 69

任务一　制作"员工培训"网页 69

　　操作一　制作"员工培训"网页文本和

　　　　　　图像 70

　　操作二　插入 Flash 动画和视频 72

　　操作三　插入 Flash 按钮............... 77

　　操作四　插入 Flash 文本 79

任务二　制作"动物世界"网页 82

　　操作一　插入和设置 Shockwave 影片 ... 84

　　操作二　添加视频插件................................. 86

任务三　制作"在线音乐"网页 87

　　操作一　编辑网页内容................... 88

　　操作二　添加背景音乐................... 91

　　操作三　嵌入页面音乐................... 93

　　操作四　添加音乐链接................... 94

实训一　制作"车友之家"网页 96

实训二　制作"在线影院"网页 97

实践与提高 98

模块五　为网页添加超级链接 101

任务一　为"公司介绍"网页创建

　　　　　超级链接 101

　　操作一　创建和设置文本超级链接............102

　　操作二　创建电子邮件超级链接.................105

　　操作三　插入图像并创建图像超级链接.....106

任务二　为"红玫瑰化妆品"网页创建

　　　　　超级链接 110

　　操作一　创建文本和图像超级链接............112

　　操作二　创建和链接命名锚记.....................114

　　操作三　设置超级链接格式.........................116

实训一　为"汽车销售"网页添加

　　　　　链接 119

实训二　为"车友之家"网页添加

　　　　　链接 120

实践与提高..................................122

模块六　网页布局 124

任务一　使用表格布局

　　　　　"产品展示"页面 124

　　操作一　绘制布局表格和布局单元格.........125

　　操作二　制作"产品分类"栏目.................129

　　操作三　制作"热门产品"栏目.................130

　　操作四　制作"产品展示"栏目.................132

任务二　用 CSS+Div 布局

　　　　　"鲜花之旅"网页 134

　　操作一　利用 AP Div 布局网页.................135

　　操作二　创建 CSS 样式表.........................137

　　操作三　创建 CSS+Div 标签 139

任务三　用框架布局

　　　　"电影之家"网页 144

　操作一　创建并保存框架集 146

　操作二　制作框架网页 147

　操作三　使用浮动框架 151

任务四　用模板布局

　　　　"校园新闻"网页 154

　操作一　创建并编辑网页模板 155

　操作二　通过网页模板制作

　　　　　"校园新闻"网页 160

　操作三　更新"校园新闻"网页 162

实训一　用表格布局

　　　　"汽车展厅"网页 164

实训二　用框架布局

　　　　"天宇工作室"网页 165

实训三　用 CSS+Div 标签制作

　　　　"巧克力小店"网页 166

实践与提高 167

模块七　使用表单和行为 169

任务一　制作"客户信息反馈表"

　　　　网页 169

　操作一　创建表单并设置表单属性 170

　操作二　添加并设置文本字段和

　　　　　文本区域 171

　操作三　添加并设置单选按钮组 172

　操作四　添加并设置下拉列表框 173

　操作五　添加并设置按钮 175

任务二　制作"畅销车型展厅"

　　　　网页 176

　操作一　添加交换图像行为 177

　操作二　添加容器文本行为 180

实训一　制作"用户登录"网页 182

实训二　制作"脑筋急转弯"网页 183

实践与提高 184

模块八　制作 ASP 动态网页 186

任务一　制作 ASP 动态网页的

　　　　准备工作 186

　操作一　安装与配置 IIS 187

　操作二　创建 Access 数据库 189

　操作三　创建与配置动态站点 191

　操作四　创建数据源 192

任务二　制作"留言记录"

　　　　动态网页 194

　操作一　创建记录集 195

　操作二　插入记录 196

　操作三　添加重复区域 197

　操作四　设置记录集分页 198

实训一　制作"用户信息"

　　　　动态网页 201

实训二 制作"用户注册"
　　　　动态网页 202

实践与提高 203

模块九 发布站点 205

任务一 申请主页空间及域名 205

　　操作一 注册并申请主页空间与域名 ... 205

　　操作二 开通主页空间 207

任务二 测试"公司简介"
　　　　本地站点 208

操作一 兼容性测试 209

操作二 检查并修复站点范围的链接 211

操作三 下载速度检测 214

任务三 发布"公司简介"站点 216

　　操作一 配置远程信息 217

　　操作二 发布站点 218

实训一 测试"车友之家"网站 220

实训二 发布"车友之家"网站 221

实践与提高 221

模块一

Dreamweaver CS3 基本操作

Dreamweaver CS3 是优秀的网页设计软件之一，它具有简单方便、学习容易的特色，是目前普及率较高，且受广大用户欢迎的网页设计软件。对于初次接触 Dreamweaver 的用户来说，首先应该熟悉 Dreamweaver CS3 软件的操作界面，并了解网站的规划知识，然后再依次掌握站点的创建、规划、管理，以及网页的打开、预览、新建、保存和设置等各种基本操作。

学习目标

📖 熟悉并掌握 Dreamweaver CS3 的操作界面

📖 熟悉设置 Dreamweaver CS3 界面的方法

📖 了解包括网页制作流程在内的各种网站规划的相关知识

📖 掌握站点的规划、创建和管理等操作

📖 掌握打开、预览、新建、保存和设置属性等关于网页的各种基本操作

任务一 认识 Dreamweaver CS3

◆ 任务目标

本任务的目标是熟悉 Dreamweaver CS3 的操作界面，并通过本次任务掌握设置 Dreamweaver CS3 操作环境，以及熟悉网页制作的流程、网页常见部分的称谓及规范、网站风格选择及配色搭配等一系列涉及网站规划的知识。

本任务的具体目标要求如下：

（1）熟悉设置 Dreamweaver CS3 操作界面的方法。

（2）了解并熟悉网站规划各方面的知识。

◆ 操作思路

本任务主要涉及的知识点有 Dreamweaver CS3 的启动、操作界面的熟悉与自定义，以及网站规划的学习等。具体思路及要求如下：

（1）通过创建的快捷图标启动 Dreamweaver CS3。

（2）认识 Dreamweaver CS3 的操作界面并自定义其收藏夹。

（3）学习网页制作的基本流程、网页中常见的称谓及规范和网站配色技巧等。

操作一　Dreamweaver CS3 界面介绍

（1）在计算机中安装好 Dreamweaver CS3 后，在【开始】→【所有程序】→【Adobe Dreamweaver CS3】，菜单命令上单击鼠标右键，在弹出的快捷菜单中选择【发送到】→【桌面快捷方式】菜单命令，如图 1-1 所示。

（2）此时桌面上将出现创建的快捷启动图标，双击该图标，如图 1-2 所示。

图 1-1　创建桌面快捷启动图标　　　　　　　　图 1-2　双击桌面快捷启动图标

（3）此时即可启动 Dreamweaver CS3，并打开其操作界面，该界面的各组成部分如图 1-3 所示。

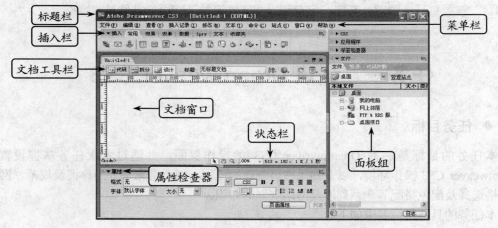

图 1-3　Dreamweaver CS3 的操作界面

操作二　自定义 Dreamweaver CS3 收藏夹

（1）单击插入栏中的"收藏夹"选项卡，在下方的空白区域单击鼠标右键，在弹出的快捷菜单中选择"自定义收藏夹"命令，如图 1-4 所示。

（2）打开"自定义收藏夹对象"对话框，在左侧的列表框中选择需添加到收藏夹中的对象，然后单击"添加"按钮 ⬚，如图 1-5 所示。

（3）此时所需对象即可添加到右侧的列表框中，使用相同方法添加其余对象，然后单击"添加分隔符"按钮，如图 1-6 所示。

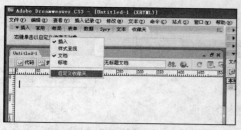
图 1-4　自定义收藏夹

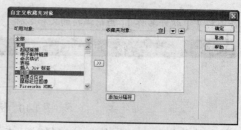
图 1-5　选择添加的对象

（4）此时对话框右侧的列表框中将在所选对象下方插入分隔符，以区分同类对象，如图 1-7 所示。

图 1-6　添加的对象

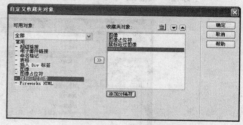
图 1-7　添加分隔符

（5）使用相同的方法添加其他对象和分隔符，完成后单击"确定"按钮，如图 1-8 所示。

（6）此时 Dreamweaver CS3 操作界面的收藏夹中将出现添加的对象，以便网页设计时调用相应的命令，如图 1-9 所示。

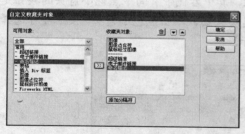
图 1-8　添加的对象

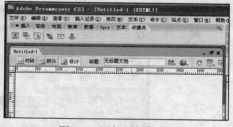
图 1-9　添加后的效果

◆　学习与探究

本任务主要了解了 Dreamweaver CS3 的界面组成及自定义收藏夹的操作。下面将进一步介绍 Dreamweaver CS3 各组成部分的作用和设置 Dreamweaver CS3 操作环境，以及网站规划的相关知识。

1. 认识 Dreamweaver CS3 各组成部分的作用

Dreamweaver CS3 各组成部分的作用如下：

● 标题栏：位于 Dreamweaver CS3 操作界面最上方，主要用于显示软件名、文件名和控制界面大小等用途，如图 1-10 所示。

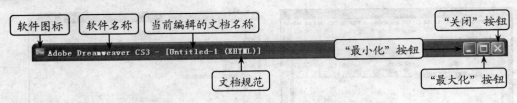

图 1-10　标题栏的组成

● 菜单栏：由"文件"、"编辑"、"查看"、"插入记录"、"修改"、"文本"、"命令"、"站点"、"窗口"和"帮助"10 个菜单组成，单击相应的菜单，即可在弹出的下拉菜单中选择相应的命令，如图 1-11 所示即为执行"插入记录"菜单下的【图像对象】→【图像占位符】菜单命令。

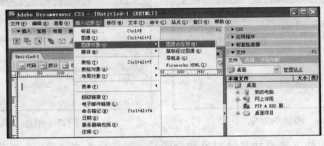

图 1-11　菜单栏的用法

● 插入栏：由"常用"、"布局"、"表单"、"数据"、"Spry"、"文本"和"收藏夹"7 个类别组成。各类别中包含多个按钮，其中右侧带有向下黑色小箭头的按钮是一个按钮组，表示该按钮包含多个同类型按钮，单击黑色小箭头▼按钮即可选择该按钮组中的其他按钮，如图 1-12 所示。

图 1-12　插入栏的用法

提示 插入栏有制表符和菜单两种显示形式，默认显示为制表符形式。在该形式下的插入栏区域单击鼠标右键，在弹出的快捷菜单中选择"显示为菜单"命令，即可切换到菜单显示状态。

● 文档工具栏：位于插入栏下方，可实现文档窗口视图切换、修改文档标题、文件管理、预览文档、视图相关控制及验证相关控制等功能，如图 1-13 所示。

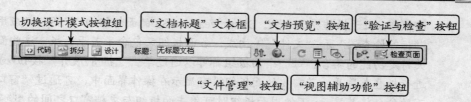

图 1-13 文档工具栏的组成

- 文档窗口：用于显示当前文档的具体内容。对网页文档的编辑操作大都在文档窗口中完成，如图 1-14 所示。

图 1-14 文档窗口

- 状态栏：位于文档窗口底部，用于显示当前被编辑文档的相关信息，并包含了一些用于控制显示的功能按钮，如图 1-15 所示。

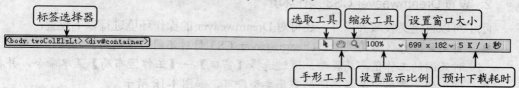

图 1-15 状态栏的组成

- 属性检查器：位于文档窗口下方，用于查看或编辑当前选定页面元素的常用属性。根据所选元素的不同，属性检查器所呈现的内容也会有所不同。如图 1-16 所示即为两种不同内容的属性检查器。

图 1-16 文本属性检查器（上）和图像属性检查器（下）

5

- 面板组：位于操作界面右侧。Dreamweaver CS3 的面板组由"CSS"、"应用程序"、"标签检查器"和"文件"等构成，各面板组又包含了若干面板，这些面板是相关特定功能的集合。每一个面板组都可以通过单击"折叠/展开"按钮▶或▼）来进行折叠或展开。若需要的面板组没有显示在操作界面中，可通过"窗口"菜单下的命令将其显示；不使用面板组时可单击面板组与文档窗口之间的"隐藏/显示"按钮来隐藏。如图 1-17 所示即为面板组的组成情况。

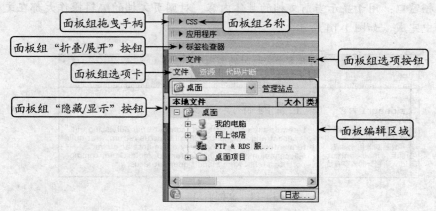

图 1-17　面板组的组成

2. 设置 Dreamweaver CS3 操作环境

除了可以自定义收藏夹以外，还可对 Dreamweaver 的操作环境进行以下设置：

- 自定义工作区布局类型：Dreamweaver CS3 针对不同行业的用户特点，准备了 3 种不同的工作区布局类型。通过选择【窗口】→【工作区布局】菜单命令，并在弹出的子菜单中选择不同的布局类型即可，如图 1-18 所示。
- 切换文档视图：无论是网页设计者还是 Web 程序开发人员，都常常需要在设计视图和代码视图中进行切换。为方便这种操作，Dreamweaver CS3 提供了 3 种文档窗口视图方式，通过单击文档工具栏中的文档模式按钮即可切换到相应的视图中，如图 1-19 所示为单击"拆分"按钮后的效果。

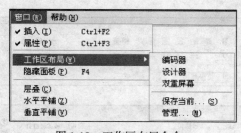

图 1-18　工作区布局命令

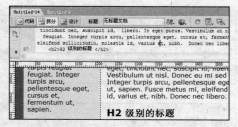

图 1-19　拆分模式下的文档视图

- 自定义文档显示方式：指文档是否以最大化方式显示。在最大化显示状态，可在多个文档之间通过文档窗口顶部的选项卡进行切换；在非最大化显示状态，多个文档以独立窗口的方式呈现，如图 1-20 所示。通过单击文档窗口右上角的按钮即可使文档在最大化和非最大化之间切换。

图 1-20　非最大化状态下的文档窗口

 提示 非最大化状态下可以完成一些最大化状态下无法实现的功能，如以拖曳方式设置文档之间的超级链接。

3．网页制作流程

虽然不同网页的制作方法和侧重点等各不相同，但大体可将网页制作流程分为收集资料、规划站点、制作网页、测试站点、发布站点和更新与维护站点等过程。

- 收集资料：制作网页前应先收集需用到的文字和图片等各种资料素材。例如，制作学校网页就需要学校提供文字材料，如学校简介、招生对象说明和校园图片等；制作个人网站则应收集个人简历和爱好等方面的材料。
- 规划站点：规划站点主要是为了防止浏览者在访问网页时"迷路"。根据浏览者的访问顺序可以将内容设计为树型目录，一般不要级数太多（尽可能少于四级），否则会让人感觉烦琐，也不方便管理。
- 制作网页：网站一般由多个网页链接而成，要让浏览者方便且轻松地畅游网站，在制作网页时应首先构建页面框架，然后创建导航条，接着逐一填充页面内容。
- 测试站点：站点测试可保证后面正确发布网站，并让浏览者成功访问网页。根据客户端的要求、网站大小及浏览器种类等进行，一般将站点移到一个模拟调试服务器上对站点进行测试或编辑。
- 发布站点：发布网页前需在 Internet 上申请一个主页空间，用于指定网站或主页在 Internet 上的存放位置。发布网页一般使用 FTP（远程文件传输）软件（如 LeapFTP、CuteFTP 及 FlashFXP 等）上传到服务器中申请的网址目录下。
- 更新与维护站点：站点上传到服务器后，每隔一段时间应对站点中的页面进行更新，这样不仅可以保持网站内容的新鲜感以吸引更多的浏览者，而且还能定期检查页面元素显示是否正常、各种超级链接是否正常等。

4．网页中常见的称谓及规范

通常情况下，网页的基本组成部分有 Logo、Banner、导航栏、超级链接和版权信息等，如图 1-21 所示即为各组成对象。

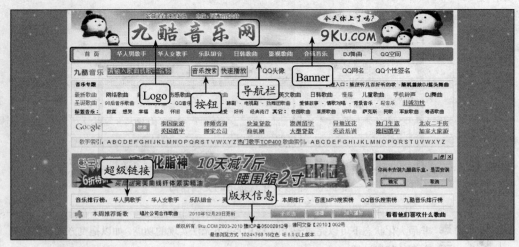

图 1-21　网页组成对象

- Logo：网站的"商标"，一般包含网站名称、网址、网站标志、网站理念 4 个部分，也可取其中一个部分进行设计。Logo 的位置一般在网页页面的左上角，这是视觉的焦点，可以给读者留下较深的印象。Logo 的尺寸通常为 88×31 像素。

- Banner：一般用做宣传网页的内容，也称为广告条，其位置一般在 Logo 的右侧。Banner 的标准大小为 468×60 像素，其设计要点是清晰明确，要服从整体设计的需要。Banner 通常被做成动画效果，以增强其表现力。

- 导航栏：是浏览者浏览网页时有效的指向标志。导航栏可分为框架导航、文本导航和图片导航等，根据导航栏放置的位置可分为横排导航栏和竖排导航栏两种。

- 按钮：按钮也是一种超级链接，其大小及样式没有具体的规定，但一般要符合所处位置的形状和色调。

- 超级链接：超级链接是指页面对象之间的链接关系，它可以是网站内部页面和对象的链接，也可以是与其他网站的链接，通过单击网页中的超级链接就可以跳转到相应的页面。

- 版权信息：版权信息一般位于网页的底部，主要起版权申明等作用。部分网站也将计数器等内容放置在这一区域。

5．网页配色技巧

网页中的色彩通常都用十六进制来表示，如"#FF0000"表示红色，"#00FF00"表示绿色等。颜色也可以用色相、饱和度和亮度来描述。色相是指具体的颜色，如红、橙、黄、绿、青、蓝和紫等；饱和度表示色彩的纯度，如浅蓝和深蓝等；亮度是色彩的明亮度，即人眼观察到的光的能量强度。网页配色常使用的技巧主要有以下几种：

- 使用同一种颜色：先选定一种色相（H），然后调整饱和度（S）或亮度（B），产生新的色彩。此技巧的好处在于使着色的页面色彩统一、有层次感。

- 使用对比色：先选定一种色彩，然后选择它的对比色（在 Photoshop 里按"Ctrl+I"组合键反相得到），此技巧的好处在于使整个页面的色彩丰富，对比强烈但不花哨。

- 使用同色系颜色：即使用同色系的色彩，如淡蓝、淡黄、淡绿或土黄、土灰、土蓝等。在 Photoshop 的 "拾色器" 对话框右侧先确定一种颜色，然后将鼠标指针定位到 "H" 文本框中，按键盘上的上、下光标键即可选取相应的颜色。此技巧的好处在于使页面色彩丰富且颜色感觉统一。

任务二　创建与管理 "公司简介" 站点

◆ 任务目标

本任务的目标是利用 Dreamweaver 的 "站点" 菜单创建并管理 "公司简介" 站点。通过练习熟悉并掌握站点的创建、复制、编辑和导出等操作。

本任务的具体目标要求如下：

（1）掌握站点的创建方法。

（2）掌握站点的编辑操作。

（3）熟悉并掌握站点的复制和导出操作。

◆ 操作思路

本任务涉及的知识点主要包括创建站点、复制站点、编辑站点和导出站点等。具体思路及要求如下：

（1）利用 "站点" 菜单创建站点。

（2）通过创建的站点复制新的站点。

（3）对新的站点重新进行编辑。

（4）将编辑后的站点导出。

操作一　创建站点

（1）启动 Dreamweaver CS3，选择【站点】→【新建站点】菜单命令。

（2）在打开的对话框中的 "您打算为您的站点起什么名字" 文本框中输入站点名称，如输入 "练习"，单击 "下一步" 按钮，如图 1-22 所示。

（3）在打开的对话框中的 "您是否打算使用服务器技术" 栏中选中 "否，我不想使用服务器技术" 单选按钮，单击 "下一步" 按钮，如图 1-23 所示。

（4）在打开的对话框中选中 "编辑我的电脑上的本地副本，完成后再上传到服务器" 单选按钮，在 "您将把文件存储在计算机上的什么位置" 文本框中输入 "D:\练习\"，单击 "下

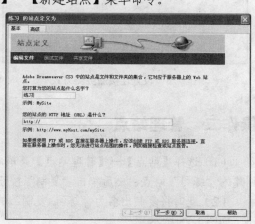

图 1-22　设置站点名称

9

一步"按钮，如图 1-24 所示。

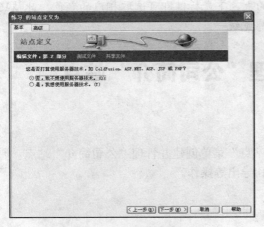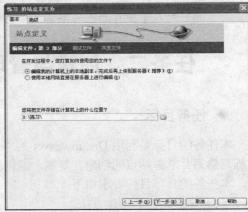

图 1-23　选择服务器技术　　　　　　　图 1-24　设置文件编辑方式与存储位置

（5）在打开的对话框中的"您如何连接到远程服务器"下拉列表框中选择"无"选项，单击"下一步"按钮，如图 1-25 所示。

（6）在打开的对话框中的"总结"栏中显示已设置的各项参数，确认无误后单击"完成"按钮完成站点的创建，如图 1-26 所示。

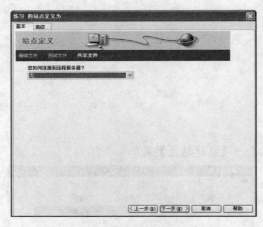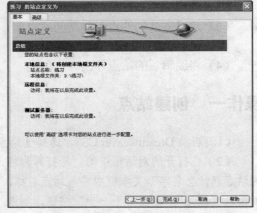

图 1-25　设置连接服务器方式　　　　　　　图 1-26　完成站点的创建

操作二　管理站点

（1）选择【站点】→【管理站点】菜单命令，在打开的"管理站点"对话框中选择前面创建的"练习"站点，然后单击"复制"按钮，如图 1-27 所示。

（2）此时将复制出名为"练习 复制"的站点，并处于选中状态。直接单击"编辑"按钮，如图 1-28 所示。

图 1-27 复制站点

图 1-28 编辑站点

（3）在打开的对话框中将站点的名称更改为"公司简介"，单击"下一步"按钮，如图 1-29 所示。

（4）在打开的对话框中保持默认设置，直接单击"下一步"按钮，如图 1-30 所示。

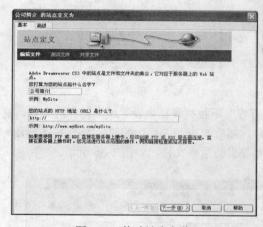

图 1-29 修改站点名称   图 1-30 选择服务器技术

（5）在打开的对话框中将存储位置设置为"D:\公司简介\"，然后单击"下一步"按钮，如图 1-31 所示。

（6）在打开的对话框中保持默认设置，直接单击"下一步"按钮，如图 1-32 所示。

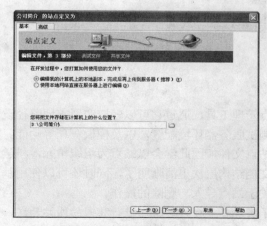

图 1-31 编辑站点存储位置   图 1-32 设置连接服务器方式

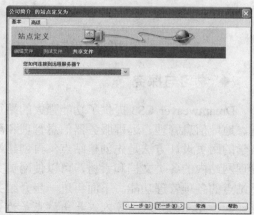

11

（7）在打开的对话框中确认设置无误后，单击"完成"按钮，如图 1-33 所示。

（8）返回"管理站点"对话框，选择"公司简介"站点选项，单击"导出"按钮，如图 1-34 所示。

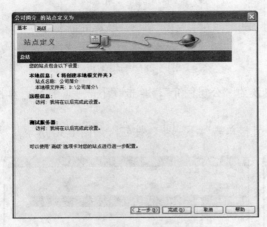

图 1-33　完成站点编辑　　　　　　　　　　　　图 1-34　导出站点

（9）在打开的"导出站点"对话框的"保存在"下拉列表框中设置站点的保存路径，在"文件名"下拉列表框中输入要保存文件的名称，然后单击"保存"按钮，如图 1-35 所示。

（10）打开保存站点的文件夹窗口即可看到导出的站点文件，如图 1-36 所示。

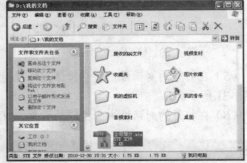

图 1-35　设置导出位置和名称　　　　　　　　　图 1-36　导出的站点文件

◆　学习与探究

Dreamweaver CS3 提供了功能强大的站点管理工具，通过它可以轻松实现本地路径设置、地址信息管理、远程服务器信息管理和测试服务器环境配置，以及模板管理等功能。科学的网页设计方法是先创建站点，再创建站点文件，因此学会以站点为组织单元，科学管理网站内的各类文档和素材，可以使网页文档结构层次更清晰明了，同时还可以使用基于站点的各项管理功能。下面再进一步介绍关于站点导入与删除的操作。

● 站点的导入：导入或导出站点是为了实现在多台计算机中进行相同的网站开发，站点的导入方法为，选择【站点】→【管理站点】菜单命令，在打开的"管理站

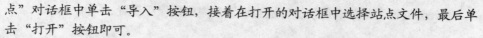

点"对话框中单击"导入"按钮，接着在打开的对话框中选择站点文件，最后单击"打开"按钮即可。

● 站点的删除：无用的站点可及时删除以便于管理，其方法为，打开"管理站点"对话框，选择需删除的站点选项，然后单击"删除"按钮即可。

任务三 制作"公司介绍"网页

本任务的目标是通过对网页的各种基本操作制作出"公司介绍"网页，完成后的最终效果如图 1-37 所示。通过练习掌握使用网页的新建、保存、关闭、打开、预览及网页属性设置等操作。

 效果图位置： 模块一\源文件\公司介绍.html

图 1-37 创建并设置页面属性后的网页效果

本任务的具体目标要求如下：

（1）掌握网页的新建与保存操作，并进一步熟悉网页的关闭操作。

（2）掌握网页的打开与预览方法。

（3）掌握设置网页属性的操作。

◆ 操作思路

本任务涉及的知识点主要包括新建具有布局样式的空白网页、保存新建的网页、关闭网页、打开与预览网页，以及设置网页外观属性等操作。具体思路及要求如下：

（1）利用 Dreamweaver 提供的预设格式创建具有布局样式的空白网页。

（2）将创建的网页以"公司介绍"为名进行保存。

（3）关闭保存后的网页。

（4）通过对话框打开前面保存的"公司介绍"网页。

（5）在 IE 浏览器中预览打开的网页。

（6）对网页的外观属性进行适当设置，完成后保存设置。

操作一　新建和保存网页

（1）启动 Dreamweaver CS3，选择【文件】→【新建】菜单命令，如图 1-38 所示。

（2）打开"新建文档"对话框，单击左侧的"空白页"选项卡，在右侧的"页面类型"列表框中选择"HTML"选项，然后在右侧的"布局"列表框中选择"2 列弹性，左侧栏"选项，最后单击"创建"按钮，如图 1-39 所示。

图 1-38　新建网页　　　　　　　　　　　　图 1-39　选择布局样式

（3）此时将根据所选布局样式创建出网页，然后选择【文件】→【保存】菜单命令，如图 1-40 所示。

（4）打开"另存为"对话框，在"保存在"下拉列表框中选择网页存储的位置，在"文件名"下拉列表框中输入网页名称，这里输入"公司介绍.html"，然后单击"保存"按钮，如图 1-41 所示。

图 1-40　保存网页　　　　　　　　　　　　图 1-41　设置保存位置和名称

（5）此时 Dreamweaver 操作界面的标题栏上将显示保存后的网页名称，单击工作区中该网页选项卡右侧的"关闭"按钮关闭该网页即可，如图 1-42 所示。

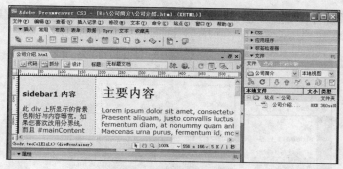

图1-42　关闭网页

操作二　打开和预览网页

（1）在 Dreamweaver 操作界面中选择【文件】→【打开】菜单命令，如图1-43 所示。

（2）打开"打开"对话框，在"查找范围"下拉列表框中选择网页存储的位置，在下方的列表框中选择需打开的网页选项，然后单击"打开"按钮，如图1-44 所示。

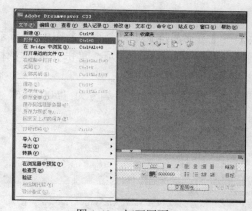

图1-43　打开网页

图1-44　选择需打开的网页文件

（3）此时将在 Dreamweaver 中显示该网页内容，单击文档工具栏中的"在浏览器中预览/调试"按钮，在弹出的下拉菜单中选择"预览在 IExplore"命令，如图1-45 所示。

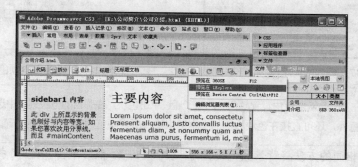

图1-45　在 IE 浏览器中预览网页

（4）此时系统将自动启动 IE 浏览器，并在其中预览打开的网页文件效果，如图 1-46 所示。

图 1-46　预览网页的效果

操作三　设置网页属性

（1）打开"公司介绍"网页，选择【修改】→【页面属性】菜单命令，如图 1-47 所示。

（2）打开"页面属性"对话框，选择左侧列表框中的"外观"选项，单击"页面字体"下拉列表框右侧的"倾斜"按钮 I。

（3）单击"文本颜色"栏中的色块，在弹出的下拉列表框中单击编号为 "#003366" 的色块，如图 1-48 所示。

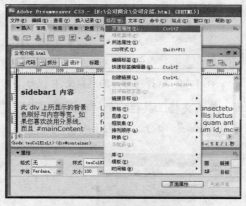

图 1-47　设置网页属性

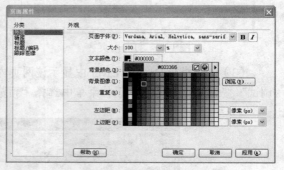

图 1-48　设置文本颜色

技巧　在 Dreamweaver 中设置颜色时，除了通过单击色块，在弹出的下拉列表中选择需要的颜色外，还可直接在色块右侧的文本框中输入所需颜色的编号来进行设置。

（4）使用相同的方法将背景颜色设置为 "#00CCFF"，然后单击"确定"按钮，如图 1-49 所示。此时保存修改后的网页并进行预览即可得到前面显示的最终效果。

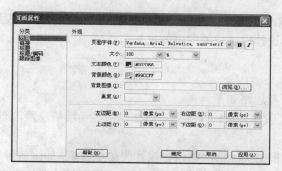

图 1-49　设置网页背景颜色

◆ **学习与探究**

掌握网页的各种基本操作是网页设计的前提，下面再进一步对另存为文档和打开文档的操作进行介绍。

1. 网页的"另存为"操作

"另存为"操作也是 Dreamweaver 中常用的操作之一，将某一文档另存为新文档后，则当前编辑的效果都将保存到新文档中，原文档将自动关闭，这之后的所有编辑操作都将基于新文档，对原文档不会产生任何影响。另存为文档的操作可通过选择【文件】→【另存为】菜单命令或按"Ctrl+Shift+S"组合键来打开"另存为"对话框，并按照保存网页文件时的操作进行设置即可。

2. 打开网页的其他方式

除了利用菜单命令打开网页外，还可通过在框架中打开网页文档和导入文档的方式来实现打开操作。

● 有一种特殊的网页叫框架型网页，它是由框架集文件和多个嵌入的框架页组成的，这种类型的网页就可以通过在框架中来打开文档。其方法为：选择【文件】→【在框架中打开"菜单命令，在打开的"选择 HTML 文件"对话框的"查找范围"下拉列表框中选择文件的保存位置，在中间的列表框中选择某个框架文件，单击"确定"按钮即可。

● 导入文档是指从其他格式的文档中将数据导入到 HTML 文档中，前提是编辑窗口中已经有打开的文档，并正处于编辑状态。其方法为：选择【文件】→【导入】菜单命令，在弹出的子菜单中选择某个格式命令（包括 XML、表格式、Word 和 Excel 等格式），并在打开的对话框中选择需导入的文件，最后单击"打开"按钮。

实训一　规划"汽车销售"网站

◆ **实训目标**

本实训主要是强化网站规划的能力。在进行网页设计之前，首先应对所设计的网页进行详细规划，如素材收集与颜色选择等，只有在前期对这些步骤或规划进行了详细的分析，才能在后面的制作中设计出满意的网页效果。

◆ 实训分析

本实训具体分析及思路如下。

（1）收集素材。收集包括汽车图片、汽车参数、卖场信息及汽车评测等各方面的图片和数据等信息。

（2）规划站点。根据实际情况将内容设计为树型目录，如确认导航栏包含的导航按钮，然后确认每个导航按钮下包含的子选项等，使整个网页结构既清晰又规范。

（3）确认颜色。首先可确定按哪种配色方式来设计网页，如同颜色、对比色或同色系等。然后应根据网站中呈现的内容来选择颜色，如销售高档汽车可考虑使用黑色、深蓝色等感觉较为高雅的颜色；销售经济型汽车则可考虑使用黄色或绿色等较为鲜艳活泼的颜色。

（4）设计 Logo。Logo 不仅是网站的标志，也是网站内容的体现。

（5）规划网页。大致规划网站中每个网页的布局、结构和包含内容等情况，以方便后期制作。

实训二　创建"房地产公司"站点

◆ 实训目标

本实训要求通过新建、编辑和导出站点等操作创建"房地产公司"站点，然后在该站点下新建并保存"公司简介"网页，最后对网页属性进行适当设置后预览网页效果。实训的最终效果如图 1-50 所示。

 效果图位置： 模块一\源文件\公司简介.html

图 1-50　预览网页效果

◆ **实训分析**

本实训的制作思路如图 1-51 所示，具体分析及思路如下。

（1）在 E 盘根目录下新建"房地产"站点。

（2）将"房地产"站点名称重新编辑为"房地产公司"。

（3）将创建的"房地产公司"站点导入到 D 盘根目录。

（4）新建布局样式为"2 列弹性，右侧栏、标题和脚注"的网页文件，并保存在 E 盘根目录下的"房地产公司"文件夹中（即保存在该站点下）。

（5）将新建网页文件的外观属性设置为页面字体"加粗"、大小为"小"、文本颜色和背景颜色均为"#336633"。

（6）保存设置并在 IE 浏览器中预览效果。

①创建并编辑站点　　　②创建并保存网页　　　③设置网页外观属性

图 1-51 创建"房地产公司"站点的操作思路

实践与提高

根据本模块所学内容，并结合以下几个实践方向，进一步提高并掌握网站规划及站点和网页的基本操作。

● 收集网页素材：素材的收集大致包括两个方面，一是通过自己编辑整理得到相应的文字和表格等数据和照片素材；二是通过在网上搜索符合网站内容的各种文字和图片等资源。

● 学习优秀网站的规划技巧：经常在网上浏览知名度较高的各种类型的网站，如门户网站、音乐网站、游戏网站和电影网站等，观察并总结它们的规划技巧。

● 规划自己的网站结构与内容风格：根据本模块所学的知识，在计算机中创建一个站点，并规划该网站的结构与内容风格，最后按照规划出的结构建立多个网页文件。

模块二

为网页添加文本

文本是网页的主体，是浏览者获取信息最主要的途径之一，也是学习 Dreamweaver 网页设计最基础的技能。在 Dreamweaver 中添加和编辑文本并非与利用 Word 编辑文本完全相同，因此需要重新掌握相关的编辑技巧。本模块将全面且系统地对在网页中添加与编辑文本的各种操作进行详细介绍，主要涉及的知识点包括文本的添加、换行、分段，日期与水平线的插入，活动字幕的添加，文本格式设置和段落设置，以及项目列表和编号列表的使用等。

学习目标

📖 掌握添加普通文本、空格、水平线、日期及活动字幕的方法
📖 掌握设置字体格式的操作
📖 掌握设置段落格式的操作
📖 熟悉创建各种列表的方法

任务一　制作"公司介绍"网页的文本

◆ 任务目标

本任务的目标是为新建的空白网页添加文本等各种元素，完成后的最终效果如图 2-1 所示。通过练习掌握文本和空格的添加、文本的换行与分段的区别、日期和水平线的添加及活动字幕的添加等操作方法。

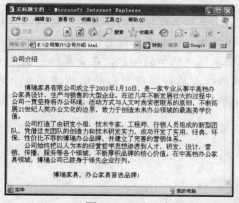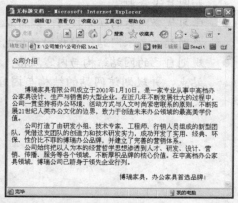

图 2-1　"公司介绍"网页中的内容及活动字幕滚动显示的效果

效果图位置：模块二\源文件\公司介绍.html

本任务的具体目标要求如下：

（1）掌握文本和空格的添加及分段和换行的方法。

（2）掌握插入日期和水平线的操作。

（3）熟悉并掌握活动字幕的插入方法。

◆　操作思路

本任务的操作思路如图 2-2 所示，涉及的知识点有输入文本、插入不换行空格、为文本换行和分段、插入日期并修改、插入水平线及添加活动字幕等。具体思路及要求如下：

（1）输入网页中的所有文本。

（2）对文本进行分段和换行，并通过插入不换行空格调整文本。

（3）在文本中插入日期并在标题下插入水平线。

（4）通过输入代码的方式添加活动字幕。

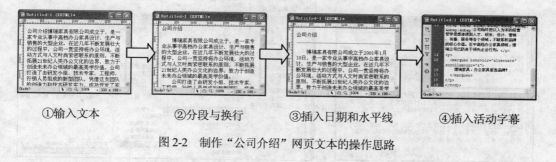

①输入文本　　　②分段与换行　　　③插入日期和水平线　　　④插入活动字幕

图 2-2　制作"公司介绍"网页文本的操作思路

操作一　添加文本并换行

（1）新建"公司介绍.html"网页文件。

（2）切换至合适的中文输入法，输入相关文本内容，如图 2-3 所示。

图 2-3　输入文本内容

（3）将文本插入点定位到开始处的"公司介绍"文本后面，按"Enter"键强制分段，效果如图 2-4 所示。

（4）将文本插入点定位到"美学价值"文本后面，按"Shift+Enter"组合键使文本换行，效果如图 2-5 所示。

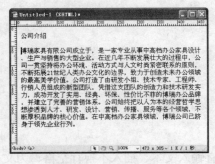

图 2-4　分段文本

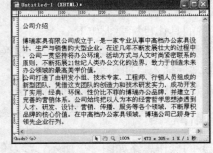

图 2-5　换行文本

（5）使用相同的方法在"营销体系"文本后进行换行操作，如图 2-6 所示。

（6）将文本插入点定位到第 2 段文本开始处，选择【插入记录】→【HTML】→【特殊字符】→【不换行空格】菜单命令，如图 2-7 所示。

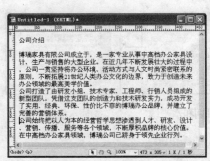

图 2-6　换行文本

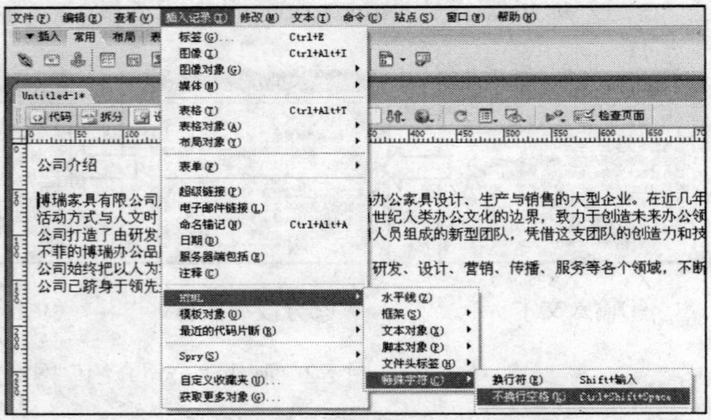

图 2-7　选择菜单命令

（7）此时在"博瑞"文本左侧将插入一个空格，如图 2-8 所示。

（8）使用相同的方法或按"Ctrl+Shift+空格"组合键快速插入另外 7 个不换行空格，效果如图 2-9 所示。

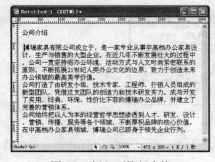

图 2-8　插入不换行空格

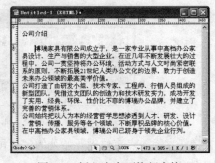

图 2-9　插入多个不换行空格

（9）选择插入的 8 个不换行空格，按"Ctrl+C"组合键进行复制操作，然后分别在下方的各段落开始处按"Ctrl+V"组合键进行粘贴，完成调整文本的操作，效果如图 2-10 所示。

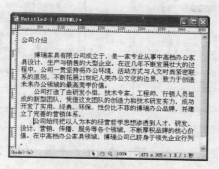

图 2-10　复制不换行空格

 提示 与 Word 文档编辑不同的是，在 Dreamweaver 中无论按多少次空格键，都只能插入一个空格。若要插入多个空格，则只能通过选择命令或按快捷键的方式插入。

操作二　添加日期和水平线

（1）将文本插入点定位到标题下第 1 段文本中"成立于"文本后面，然后选择【插入记录】→【日期】菜单命令，如图 2-11 所示。

（2）打开"插入日期"对话框，在"日期格式"列表框中选择"1974 年 3 月 7 日"格式选项，单击"确定"按钮，如图 2-12 所示。

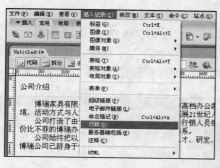

图 2-11　插入日期

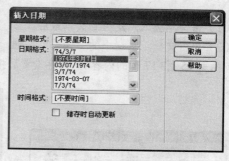

图 2-12　选择日期格式

（3）此时将在文本插入点处插入当前操作系统中显示的日期文本，且处于选中状态，效果如图 2-13 所示。

（4）将插入的日期文本根据实际需要进行修改，方法与在 Word 中修改文本相同，这里修改为"2001 年 1 月 28 日"，效果如图 2-14 所示。

（5）将文本插入点定位到标题文本后面，然后选择【插入记录】→【HTML】→【水平线】菜单命令，如图 2-15 所示。

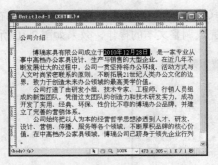

图 2-13　插入的日期

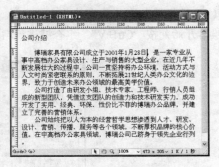

图 2-14　修改日期文本

（6）此时即可在标题段落下方插入默认格式的水平线，如图 2-16 所示。

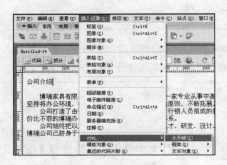

图 2-15　选择菜单命令

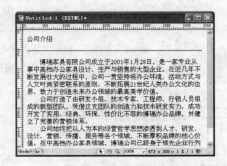

图 2-16　插入的水平线

操作三　添加活动字幕

（1）将文本插入点定位到文本最后，按"Enter"键分段文本，如图 2-17 所示。

（2）单击文档工具栏中的"代码"按钮，在第 14 行"<P>"下面输入如图 2-18 所示的代码（包括第 15 行~17 行的内容），保存设置后按"F12"键即可预览效果。

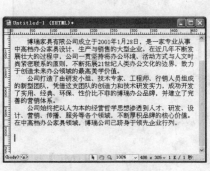

图 2-17　分段文本

图 2-18　输入代码

◆ 学习与探究

本任务主要练习了在网页中插入文本、对文本进行换行和分段、插入日期和水平线，以及通过代码添加活动字幕等操作。需要注意的是文本分段和换行的区别在表现上只是间距不同（分段后的间距更大，换行后的间距更小）。不过在通过代码进行网页设计时，换行和分段就有明显的区别，换行对应的代码是
，而分段对应的代码则是<p>，
标签是小换行提行，<p>标签是大换行（分段）作用，且
只需单独使用，而<p>和</p>是成对使用的。

另外，在【插入记录】→【HTML】→【特殊字符】菜单命令下预设有一些常用的特殊字符，如版权符号©、注册商标符号®和英镑符号£等，但如果需要的特殊符号没有显示在其中，则可选择【插入记录】→【HTML】→【特殊字符】→【其他字符】菜单命令，然后在打开的对话框中选择更多的特殊符号即可。

在网页中插入日期的同时也可插入时间，方法是在"插入日期"对话框的"时间格式"下拉列表框中选择某种时间格式即可。不过建议在需要插入当前日期和时间的情况下使用插入日期的功能，否则手动输入其他日期反而更为简便。另外，在"插入日期"对话框中选中"储存时自动更新"复选框可使插入的日期自动进行更新操作。

最后，在插入水平线后，选中该水平线，可在下方的属性检查器中设置水平线的宽度和高度，使其更加符合网页布局等需要。

任务二　制作"天府美食"网页的文本

◆ 任务目标

本任务的目标是在网页中输入相应的文本，并进行适当的文本格式和段落格式设置，完成后的最终效果如图 2-19 所示。通过练习掌握设置文本字体、大小、颜色、外观和段落对齐方式、缩进距离等操作。

 效果图位置：模块二\源文件\天府美食.html

天府美食

　　天府美食历史悠久，在国内外都享有很高的声誉。四川位于长江上游，气候温和，雨量充沛，群山环抱，江河纵横，盛产粮油，蔬菜瓜果四季不断，家畜家禽品种齐全，山岳深丘特产熊、鹿、獐、狍、银耳、虫草、竹笋等山珍野味，江河湖泊又有江团、雅鱼、岩鲤、中华鲟。优越的自然环境，丰富的特产资源，为天府美食的形成与发展提供了有利条件。天府美食选料讲究、规格统一、层次分明、鲜明协调。

　　特点是突出麻、辣、香、鲜、油大、味厚。
　　调味方法有干烧、鱼香、怪味、椒麻、红油、姜汁、糖醋等。
　　烹调方法擅长炒、滑、熘、爆、煸、炸、煮、煨等，尤为小煎、小炒、干煸和干烧有其独道之处。
　　代表菜有宫爆鸡丁、干烧鱼、回锅肉、麻婆豆腐、夫妻肺片、樟茶鸭子、干煸牛肉丝、怪味鸡块、灯影牛肉、鱼香肉丝、水煮牛肉等。

图 2-19　设置"天府美食"网页文本格式后的效果

本任务的具体目标要求如下：

（1）掌握设置文本格式的方法。

（2）掌握设置段落格式的方法。

◆ 操作思路

本任务的操作思路如图 2-20 所示，涉及的知识点有编辑字体列表，设置文本字体、大小、外观和颜色，设置段落对齐方式和缩进距离等。具体思路及要求如下：

（1）在网页中输入具体的文本内容。

（2）分别对各段落的文本格式进行设置。

（3）设置段落的对齐方式和缩进距离。

①输入文本　　　　　　　　②设置文本格式　　　　　　　　③设置段落格式

图 2-20　制作"天府美食"网页文本的操作思路

操作一　输入文本

（1）新建空白网页，并在其中输入具体的文本内容，如图 2-21 所示。

（2）利用"Enter"键和"Shift+Enter"组合键对文本进行分段和换行设置，其中前两段为分段操作，后 4 段为换行操作，效果如图 2-22 所示。

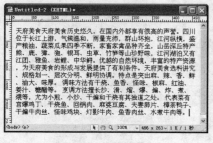

图 2-21　输入文本

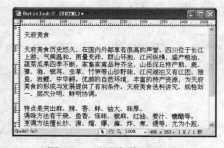

图 2-22　分段与换行设置

操作二　设置文本格式

（1）单击属性检查器中"字体"下拉列表框右侧的下拉按钮，在弹出的菜单中选择"编辑字体列表"命令，如图 2-23 所示。

（2）打开"编辑字体列表"对话框，在"可用字体"列表框中选择需添加的字体，这里选择"方正准圆简体"选项，单击该列表框左侧的"添加"按钮，如图2-24所示。

图2-23　选择命令

图2-24　选择字体

（3）此时所选字体将添加到"选择的字体"列表框中，完成后单击"确定"按钮，如图2-25所示。

（4）拖动鼠标选择标题中的"天府美食"文本，单击属性检查器中的"字体"下拉列表框右侧的下拉按钮，在弹出的菜单中选择前面添加的"方正准圆简体"选项，如图2-26所示。

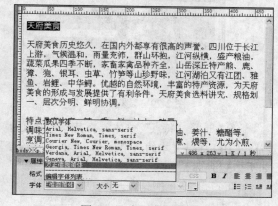

图2-25　添加字体

图2-26　应用字体样式

提示　同一字体列表中可添加多个字体，此时选择该字体列表时将首先应用第1种字体样式，若系统中没有该字体样式，则将应用第2种字体样式，以此类推。

（5）此时所选文本将应用字体样式，保持文本的选中状态，在属性检查器的"大小"下拉列表框中选择"特大"选项，设置所选文本的字号大小，如图2-27所示。

（6）继续保持文本的选中状态，在属性检查器的"大小"下拉列表框右侧单击颜色色块，在弹出的列表中选择编码为"#FF0000"的颜色选项，如图2-28所示。

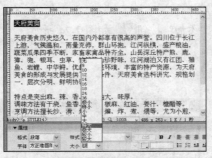
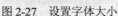

图 2-27　设置字体大小

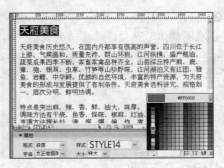

图 2-28　设置文本颜色

（7）拖动鼠标选择除标题外的所有文本，在属性检查器中的"大小"下拉列表框中选择"18"选项，如图 2-29 所示。

（8）保持文本的选中状态，通过属性检查器中的颜色色块将文本颜色设置为"#003399"所对应的颜色，如图 2-30 所示。

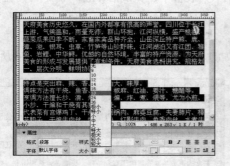

图 2-29　设置字体大小

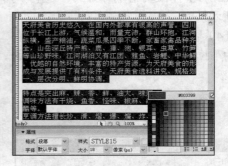

图 2-30　设置文本颜色

（9）选择"特点"文本，将其颜色设置为"#FF0000"对应的颜色，如图 2-31 所示。

（10）保持文本的选中状态，单击属性检查器中的"加粗"按钮 **B** ，加粗所选文本的外观，如图 2-32 所示。

图 2-31　设置文本颜色

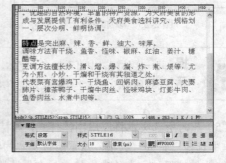

图 2-32　加粗文本

（11）按设置"特点"文本格式的方法，依次对"调味方法"、"烹调方法"和"代表菜"文本进行相同的格式设置，如图 2-33 所示。

图 2-33　设置其他文本格式

操作三　设置段落格式

（1）拖动鼠标选择标题"天府美食"文本，单击属性检查器中的"居中对齐"按钮 ，如图 2-34 所示。

（2）将文本插入点定位到第 2 段文本的开始处，按 7 次"Ctrl+Shift+空格"组合键调整文本位置，如图 2-35 所示。

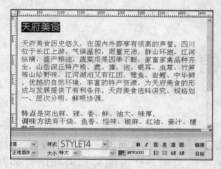

图 2-34　设置段落对齐方式

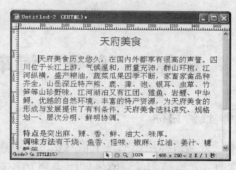

图 2-35　添加多个不换行空格

（3）选择最后 4 段文本，单击属性检查器中的"文本缩进"按钮 ，增加所选文本的缩进距离，如图 2-36 所示。

（4）将网页以"天府美食"为名进行保存，最后在 IE 浏览器中预览效果即可。

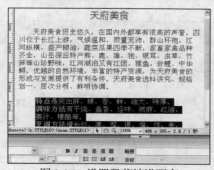

图 2-36　设置段落缩进距离

◆ 学习与探究

本任务主要练习了为网页中的文本设置文本格式和段落格式的操作。要想网页文本生动美观，选择合适的字体是非常重要的操作。而操作系统中默认的字体是有限的，要想使用更多的字体，需要通过购买或下载字体文件，并将这些文件放到"C:（系统盘）\WINDOWS\Fonts"路径下的文件夹中便可使用。

另外，Dreamweaver 提供了很多对齐方式，本任务中只为标题段落应用了居中对齐效果，其余对齐效果如图 2-37 所示。可通过对图中的效果进行观察来总结各对齐方式的作用。

左对齐 左对齐

居中对齐 居中对齐

右对齐 右对齐

两端对齐 两端对齐

图 2-37　各种段落对齐方式呈现的效果

任务三　制作"汽车销售"网页的文本

◆ 任务目标

本任务的目标是在网页中输入相应文本，并创建各种文本列表，然后对文本进行适当格式设置，完成后的最终效果如图 2-38 所示。通过练习重点掌握编号列表和项目列表的创建方法及其属性设置方法。

 效果图位置：模块二\源文件\汽车销售.html

业务范围
　Ⅰ. 乘用车
　　■ 睿鸣｜睿鸣两厢
　　■ 凯奇｜凯奇10A｜凯奇20A
　　■ 格亨2000｜格亨 3000
　Ⅱ. 商用车
　　■ 平湖
　　■ 万臣
　Ⅲ. 新能源汽车
　　■ CX100
　　■ CX200

图 2-38　设置"汽车销售"网页文本后的效果

本任务的具体目标要求如下：

（1）掌握创建编号列表及设置编号样式的方法。

（2）掌握创建项目列表及设置项目符号的方法。

◆ **操作思路**

本任务的操作思路如图 2-39 所示，涉及的知识点有文本的输入、换行与分段、文本和段落的格式设置、页面背景的设置、编号列表和项目列表的创建与设置等。具体思路及要求如下：

（1）在网页中输入具体的文本内容。

（2）为输入的文本创建编号列表并设置编号样式。

（3）在编号列表下进一步创建项目列表。

（4）对文本和段落进行适当的格式设置并美化网页背景。

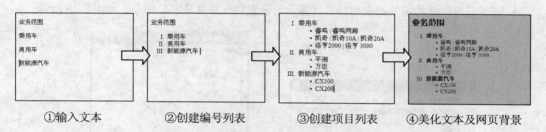

①输入文本　　②创建编号列表　　③创建项目列表　　④美化文本及网页背景

图 2-39　制作"汽车销售"网页文本的操作思路

操作一　输入文本并创建编号列表

（1）新建空白网页，在其中输入如图 2-40 所示的文本内容。

（2）利用"Enter"键将输入的文本内容分为 4 段，效果如图 2-41 所示。

（3）拖动鼠标选择后 3 段文本，单击属性检查器中的"编号列表"按钮 ，如图 2-42 所示。

图 2-40　输入文本内容

图 2-41　为输入的文本分段

图 2-42　创建编号列表

（4）此时所选的文本段落将变为编号列表的形式。保持段落的选中状态，在其上单击鼠标右键，在弹出的快捷菜单中选择【列表】→【属性】菜单命令，如图 2-43 所示。

（5）打开"列表属性"对话框，单击"样式"下拉列表框右侧的下拉按钮，在弹出的下拉列表中选择大写罗马字母对应的选项，如图 2-44 所示。

图 2-43　设置编号列表属性

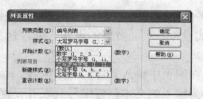

图 2-44　选择编号样式

（6）设置了编号样式后单击"列表属性"对话框中的"确定"按钮，如图 2-45 所示。

（7）此时创建的编号列表的样式将显示为设置的大写罗马字母编号，如图 2-46 所示。

图 2-45　确定设置

图 2-46　更改编号样式后的效果

操作二　创建项目列表

（1）在"乘用车"文本后单击鼠标定位文本插入点，然后按"Enter"键，效果如图 2-47 所示。

（2）在新增的列表段落中输入如图 2-48 所示的文本内容。

（3）使用相同的方法继续输入如图 2-49 所示的列表内容。

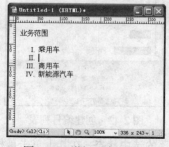

图 2-47　增加列表段落

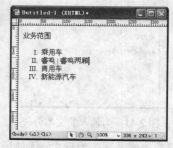

图 2-48　输入列表内容

图 2-49　继续输入列表内容

（4）选择新增列表段落，单击属性检查器中的"项目列表"按钮 ，如图 2-50 所示。

（5）此时编号列表将变为项目列表的样式。保持所选对象的选中状态，单击属性检查器中的"文本缩进"按钮 ，如图2-51所示，使所选项目列表成为已经创建的编号列表的嵌套列表。

（6）继续保持所选对象的选中状态，在其上单击鼠标右键，在弹出的快捷菜单中选择【列表】→【属性】菜单命令，如图2-52所示。

  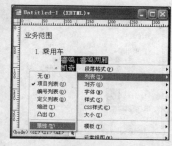

图2-50 选择新增的列表　　　图2-51 更改为项目列表　　　图2-52 缩进列表段落

（7）打开"列表属性"对话框，在"样式"下拉列表框中选择"正方形"选项，单击"确定"按钮，效果如图2-53所示。

（8）关闭对话框后，所选嵌套的项目列表的项目符号样式即更改为正方形效果，如图2-54所示。

图2-53 更改项目符号样式　　　　　图2-54 更改后的效果

（9）在"商用车"文本后定位插入点，按"Enter"键分段，并按照与前面相同的操作方法新增列表内容，如图2-55所示。

（10）选中新增的列表内容，将其更改为项目列表，如图2-56所示。

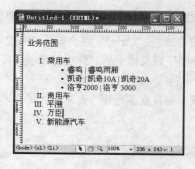 

图2-55 新增列表内容　　　　　图2-56 更改为项目列表

（11）将更改的项目列表通过"文本缩进"按钮 更改为编号列表的嵌套列表，如图 2-57 所示。

（12）利用"列表属性"对话框将项目列表的项目符号更改为正方形样式，如图 2-58 所示。

（13）按照相同的方法在"新能源汽车"编号列表下创建嵌套的项目列表，如图 2-59 所示。

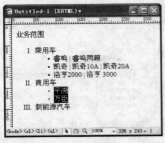 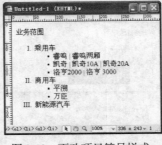 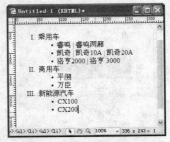

图 2-57　缩进列表距离　　　　图 2-58　更改项目符号样式　　　　图 2-59　新增项目嵌套列表

操作三　美化网页文本

（1）选择标题"业务范围"文本，将其文本格式设置为"字体-方正粗倩简体、大小-特大、颜色-#660000"，如图 2-60 所示。

（2）选择除标题文本以外的所有文本段落，将其文本颜色设置为 "#003300"，如图 2-61 所示。

（3）利用"加粗"按钮 **B** 将编号列表的文本加粗显示，如图 2-62 所示。

 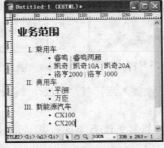 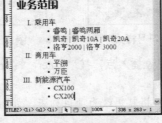

图 2-60　设置标题格式　　　　图 2-61　设置文本颜色　　　　图 2-62　加粗文本

（4）选择【修改】→【页面属性】菜单命令或按"Ctrl+J"组合键，如图 2-63 所示。

（5）打开"页面属性"对话框，选择"分类"列表框中的"外观"选项，将右侧的"背景颜色"参数设置为"#99CCFF"，单击"确定"按钮，如图 2-64 所示。

（6）完成页面设置后将新建的网页以"汽车销售业务范围"为名进行保存，然后按"F12"键进行预览，如图 2-65 所示。

图 2-63 选择命令

图 2-64 设置网页背景颜色

图 2-65 预览效果

◆ 学习与探究

本任务主要练习了为网页中的文本创建编号列表、项目列表及嵌套列表的方法，并进一步学习了更改列表属性的操作。

文本列表在网页中有着非常实用的作用，经常作为网页导航栏或分级引导目录来使用，因此掌握并熟练使用文本列表可以有助于后期进行网页设计时制作出更加简单合理的网页结构，下面进一步对 Dreamweaver 中的定义列表的操作进行学习和探究，以便更加全面地掌握列表的使用方法。

定义列表一般用在词汇表或说明书中，在网页设计时也经常使用，它的左侧没有项目符号或数字编号等前导字符，创建定义列表的方法为：将文本插入点定位到要创建定义列表的位置，选择【文本】→【列表】→【定义列表】菜单命令，之后即可输入文本，然后按"Enter"键，此时 Dreamweaver 会自动换行，并在新行中进行缩进设置，使后面输入的内容成为上一级列表的嵌套列表。如此反复即可得到自动定义的列表样式，如图 2-66 所示。输入结束后按两次"Enter"键即可完成整个列表的创建。

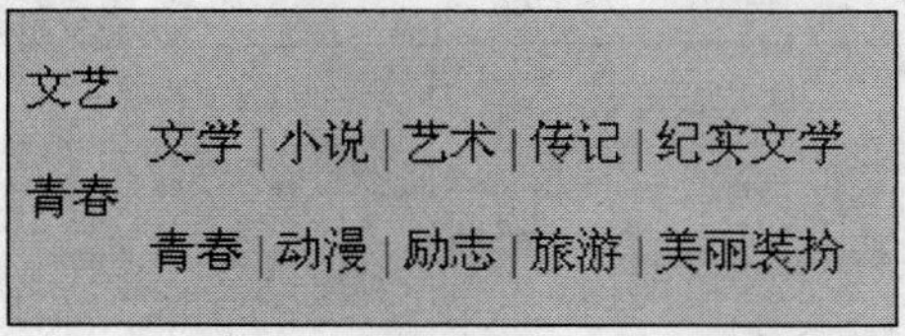

> 文艺
>   文学 | 小说 | 艺术 | 传记 | 纪实文学
> 青春
>   青春 | 动漫 | 励志 | 旅游 | 美丽装扮

图 2-66 定义列表的效果

实训一 制作"产品介绍"网页文本

◆ 实训目标

本实训要求综合利用本模块所讲的相关知识，制作出如图 2-67 所示的网页文本效果。通过本实训主要巩固文本的添加、水平线的插入、项目列表的创建，以及文本格式和段落格式的设置等各种操作。

效果图位置：模块二\源文件\产品介绍.html

图 2-67　"产品介绍"网页效果

◆ **实训分析**

本实训的制作思路如图 2-68 所示，具体分析及思路如下。

（1）输入网页中需要的文本，进行分段处理，并在第 2 段文本前面插入 8 个不换行空格。

（2）在第一段文本下面插入水平线，并设置其宽度为"1000"，高度为"3"。

（3）选择最后 4 段文本，将其创建为项目列表，并更改项目符号的样式为正方形。

（4）设置标题文本的格式为"字体-方正古隶简体、大小-80、居中对齐、颜色-#990033"。

（5）设置其他文本的格式为"大小-80、加粗、颜色-#990033"。

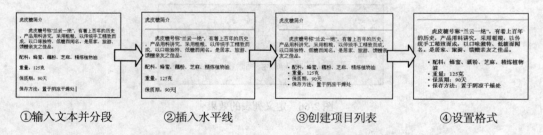

①输入文本并分段　　　②插入水平线　　　③创建项目列表　　　④设置格式

图 2-68　制作"产品介绍"网页文本的操作思路

实训二　制作"听读看"网页文本

◆ **实训目标**

本实训要求通过创建定义列表的方式制作出如图 2-69 所示的网页文本效果。通过本实训主要练习定义列表的使用并进一步巩固文本格式的设置方法。

效果图位置：模块二\源文件\听读看.html

图 2-69 "听读看"网页文本效果

◆ 实训分析

本实训的制作思路如图 2-70 所示，具体分析及思路如下。

（1）新建网页，并设置定义列表的输入模式（即在当前文本插入点处单击鼠标右键，在弹出的快捷菜单中选择【列表】→【定义列表】菜单命令），并输入具体的内容。

（2）利用"Enter"键逐步输入定义列表的各级内容。

（3）设置定义列表中各级文本的格式，其中"听"、"读"和"看"的格式为"字体-方正卡通简体、大小-70、加粗、倾斜"，颜色依次设置为"#009900"、"#993300"和"#003366"；3 个英语单词的格式为"字体-方正卡通简体、大小-70、加粗、颜色-#990000"；其余文本的格式为"字体-黑体、颜色-#990000"。

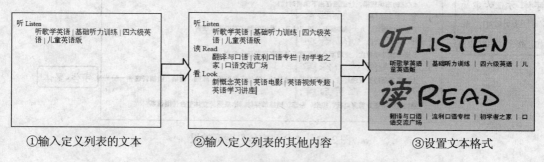

①输入定义列表的文本　　②输入定义列表的其他内容　　③设置文本格式

图 2-70 制作"听读看"网页文本的操作思路

实践与提高

根据本模块所学内容，动手完成以下实践内容。

练习 1　制作"欢迎加盟"网页

本练习将在新建的网页中输入有关加盟的文本内容，并对不同文本进行格式设置，最终效果如图 2-71 所示。

　效果图位置：模块二\源文件\欢迎加盟.html

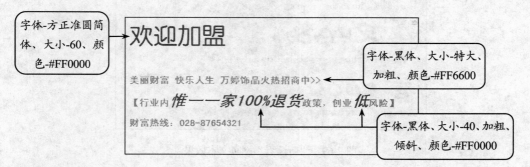

字体-方正准圆简体、大小-60、颜色-#FF0000

字体-黑体、大小-特大、加粗、颜色-#FF6600

字体-黑体、大小-40、加粗、倾斜、颜色-#FF0000

图 2-71　"欢迎加盟"网页效果

练习 2　制作"公司宣传"网页

本练习将在新建的网页中输入有关宣传口号的文本内容，并建立定义列表，最后对列表文本的格式进行设置，最终效果如图 2-72 所示。

　效果图位置：模块二\源文件\公司宣传.html

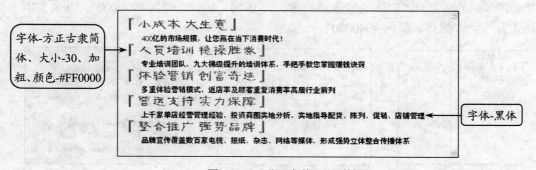

字体-方正古隶简体、大小-30、加粗、颜色-#FF0000

字体-黑体

图 2-72　"公司宣传"网页效果

练习 3　制作"房地产公司简介"网页

本练习将在网页中输入有关公司简介的文本内容，并插入水平线和建立编号列表，然后对文本和段落格式进行适当设置，最后设置页面背景颜色，最终效果如图 2-73 所示。

　效果图位置：模块二\源文件\房地产公司简介.html

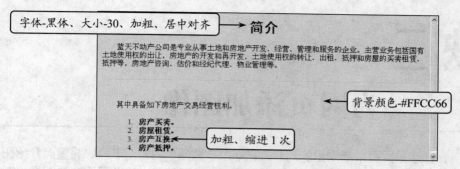

字体-黑体、大小-30、加粗、居中对齐

简介

蓝天不动产公司是专业从事土地和房地产开发、经营、管理和服务的企业。主营业务包括国有土地使用权的出让，房地产的开发和再开发，土地使用权的转让、出租、抵押和房屋的买卖租赁、抵押等，房地产咨询、估价和经纪代理、物业管理等。

其中具备如下房地产交易经营权利。

1. 房产买卖。
2. 房屋租赁。
3. 房产互换。
4. 房产抵押。

背景颜色-#FFCC66

加粗、缩进 1 次

图 2-73　"房地产公司简介"网页效果

练习 4　提高文本的添加和编辑效率

文本是网页中不可缺少的元素之一，手动输入文本是在网页设计过程中最简单、最常见的操作，但如果在其他文件中搜集并整理了大量的文本素材后，重新在网页中再一次输入这些文本内容就显得没有必要了，此时可通过复制和导入等方法快速将整理好的文本添加到网页中。下面将简要介绍关于在 Dreamweaver 中复制与导入文本的操作，学习后建议读者自行上机练习并总结这两种操作的方法与技巧。

● 复制文本：拖动选中需复制的文本，在其上单击鼠标右键，在弹出的快捷菜单中选择"复制"命令，然后将鼠标指针定位到网页中需插入文本的位置，单击鼠标右键，在弹出的快捷菜单中选择"粘贴"命令或按"Ctrl+V"组合键。需注意的是，在搜集文本时，若直接将某些网页或文件中的文本复制到 Dreamweaver 中，会同时复制该文本及段落等格式到网页中，若不需要这些格式，可先将文本复制到系统自带的"记事本"程序中，再从"记事本"程序复制到 Dreamweaver 中即可。

● 导入文本：Dreamweaver 允许直接将 Word、Excel 等程序中的内容导入到网页中，其方法为：将鼠标指针定位到要导入文本的位置，选择【文件】→【导入】菜单命令，在弹出的子菜单中选择相应的命令，如选择"Excel 文档"命令，即可打开"导入 Excel 文档"对话框，在其中选择需导入的文件，然后单击"打开"按钮即可，如图 2-74 所示。

图 2-74　导入 Excel 文档中的文本

模块三

为网页添加图像

除文本外，图像是网页中最常见的元素，它可以丰富网页内容。本模块将重点介绍在 Dreamweaver 中插入图像并设置图像的方法，并将对插入导航条、设置网页背景图像、制作鼠标经过图像及创建和编辑图像热点的各种图像高级应用的方法进行讲解。

学习目标

- 📖 掌握图像的插入与各种设置方法
- 📖 掌握导航条的插入方法
- 📖 熟悉设置网页背景图像的操作
- 📖 掌握制作鼠标经过图像的方法
- 📖 熟悉并掌握创建和设置热点的操作

任务一　添加"公司介绍"网页的图像

◆ 任务目标

本任务的目标是在"公司介绍"网页中插入多幅图像并进行适当编辑，然后在标题下方插入导航条，并设置网页背景图像，最后制作鼠标经过图像。完成后的最终效果如图 3-1 所示。通过练习掌握图像和导航条的插入、背景图像的设置及鼠标经过图像的制作方法。

图 3-1　为"公司介绍"网页添加各种图像后的效果

素材位置：模块三\素材\公司简介\公司介绍.html、产品展示.html、员工培训.html…
效果图位置：模块三\源文件\公司简介\公司介绍.html、产品展示.html、员工培训.html…

本任务的具体目标要求如下：
（1）掌握在网页中插入并调整图像大小的方法。
（2）掌握插入并设置导航条的操作。
（3）熟悉设置网页背景图像的方法。
（4）掌握制作鼠标经过图像的操作。

◆　操作思路

本任务的操作思路如图 3-2 所示，涉及的知识点有插入图像、调整图像大小、插入导航条、设置网页背景图像和制作鼠标经过图像等。具体思路及要求如下：
（1）在网页中插入两幅图像并调整大小。
（2）在标题下方插入导航条。
（3）设置网页的背景图像。
（4）在前面插入的两幅图像后面制作鼠标经过图像。

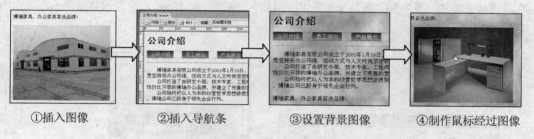

①插入图像　　　②插入导航条　　　③设置背景图像　　　④制作鼠标经过图像

图 3-2　制作"公司介绍"网页图像的操作思路

操作一　插入并编辑图像

（1）打开电子资料包提供的"公司介绍.html"网页文档，在最后的文本处单击鼠标定位插入点，然后按"Enter"键分段，如图 3-3 所示。

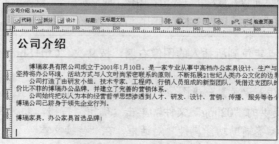

图 3-3　定位文本插入点

（2）选择【插入记录】→【图像】菜单命令，如图 3-4 所示。

（3）打开"选择图像源文件"对话框，在其中选择电子资料包中提供的"01.jpg"文件，单击"确定"按钮，如图 3-5 所示。

图 3-4　选择命令

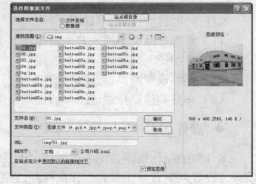

图 3-5　选择图像

（4）打开"图像标签辅助功能属性"对话框，在"替换文本"下拉列表框中输入"厂房外景 1"文本，单击"确定"按钮，如图 3-6 所示。

（5）此时将在网页中当前文本插入点处插入所选择的图像。在图像上单击鼠标选择该图像，在属性检查器的"宽"和"高"文本框中分别输入"322"和"256"，适当调整图像大小，如图 3-7 所示。

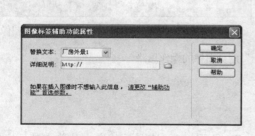

图 3-6　设置替换文本

图 3-7　修改图像的宽度和高度

提示　替换文本可以在鼠标指针停留在图像上时显示出来，以便浏览者可以在图像还未完全下载完成时率先通过文本了解图像信息。

（6）将文本插入点定位到所插入的图像右侧，按 9 次"Ctrl+Shift+空格"组合键插入 9 个不换行空格，如图 3-8 所示。

（7）再次选择【插入记录】→【图像】菜单命令，打开"选择图像源文件"对话框，在其中选择电子资料包中提供的"02.jpg"文件，单击"确定"按钮，如图 3-9 所示。

（8）打开"图像标签辅助功能属性"对话框，在"替换文本"下拉列表框中输入"厂房外景 2"文本，单击"确定"按钮，如图 3-10 所示。

图 3-8 插入多个不换行空格　　　　　　　　　　　　图 3-9 选择图像

（9）选择插入的图像，在属性检查器中将其宽度和高度同样设置为"322"和"256"，如图 3-11 所示。

图 3-10 设置替换文本　　　　　　　　　　　　图 3-11 调整图像大小

操作二 插入导航条

（1）将文本插入点定位到水平线左侧，按"Enter"键分段，如图 3-12 所示。

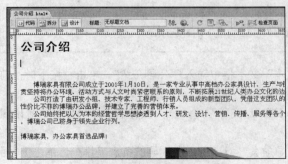

图 3-12 定位文本插入点

43

（2）选择【插入记录】→【图像对象】→【导航条】菜单命令，如图 3-13 所示。

（3）打开"插入导航条"对话框，在"项目名称"文本框中输入"b1"，单击"状态图像"文本框右侧的"浏览"按钮，如图 3-14 所示。

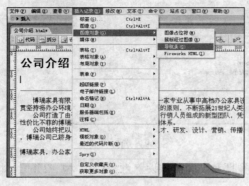

图 3-13　选择命令　　　　　　　　　　　　　　图 3-14　设置项目名称

（4）打开"选择图像源文件"对话框，在其中选择电子资料包提供的"button01a.jpg"文件，单击"确定"按钮，如图 3-15 所示。

（5）按照相同的方法分别利用"鼠标经过图像"和"按下鼠标"文本框右侧的"浏览"按钮设置如图 3-16 所示的图像文件。

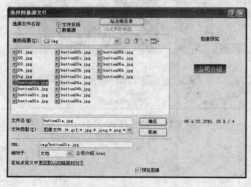

图 3-15　选择图像　　　　　　　　　　　　图 3-16　设置不同状态下的图像文件

 技巧 在"插入导航条"对话框底部的"插入"下拉列表框中可设置导航条的排列方式，包括"水平"和"垂直"两种选项。

（6）在"替换文本"文本框中输入"公司介绍"，单击"按下时，前往的 URL"文本框右侧的"浏览"按钮，如图 3-17 所示。

（7）打开"选择 HTML 文件"对话框，在其中选择"公司介绍.html"文件，单击"确定"按钮，如图 3-18 所示。

（8）返回"插入导航条"对话框，默认导航条水平排列，单击上方的"添加"按钮 ，如图 3-19 所示。

图 3-17 设置替换文本　　　　　　　　　图 3-18 选择链接文件

（9）按照设置项目"b1"的方法依次设置 b2 的项目名称、状态图像、鼠标经过图像和按下图像，如图 3-20 所示。

图 3-19 添加导航条项目　　　　　　图 3-20 设置项目名称和各种状态下的图像

（10）继续设置 b2 项目的替换文本和链接文件，完成后单击上方的"添加"按钮⊞，如图 3-21 所示。

（11）使用相同的方法创建导航条的第 3 个项目，完成后单击上方的"添加"按钮⊞，如图 3-22 所示。

图 3-21 添加导航条项目　　　　　　图 3-22 创建导航条第 3 个项目

（12）继续创建导航条的第 4 个项目，完成后单击上方的"添加"按钮⊞，如图 3-23 所示。

（13）继续创建导航条的第 5 个项目，完成后单击上方的"添加"按钮⊞，如图 3-24 所示。

图 3-23　创建导航条第 4 个项目

图 3-24　创建导航条第 5 个项目

（14）继续创建导航条的第 6 个项目，完成后单击"确定"按钮，如图 3-25 所示。

（15）此时将在网页中当前文本插入点处创建效果如图 3-26 所示的导航条对象，且处于选中状态。

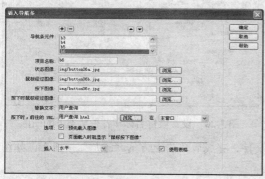

图 3-25　创建导航条第 6 个项目

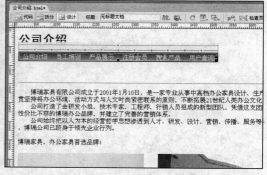

图 3-26　创建的导航条效果

（16）将鼠标指针移至导航条右侧上方的一个黑色控制点上，按住鼠标左键不放向右侧拖动一定距离，从而增加导航条各项目之间的间距，如图 3-27 所示。

（17）释放鼠标，调整后的效果如图 3-28 所示。

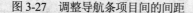

图 3-27　调整导航条项目间的间距

图 3-28　完成导航条的创建与编辑

操作三 设置网页背景图像

（1）选择【修改】→【页面属性】菜单命令，如图 3-29 所示。

（2）打开"页面属性"对话框，选择左侧"分类"列表框中的"外观"选项，单击"背景图像"文本框右侧的"浏览"按钮，如图 3-30 所示。

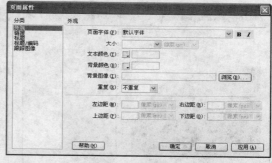

图 3-29 选择"页面属性"命令 　　　　　图 3-30 单击"浏览"按钮

（3）打开"选择图像源文件"对话框，在其中选择电子资料包提供的"bg.jpg"文件，单击"确定"按钮，如图 3-31 所示。

（4）返回"页面属性"对话框，在"重复"下拉列表框中选择"重复"选项，单击"确定"按钮，如图 3-32 所示。

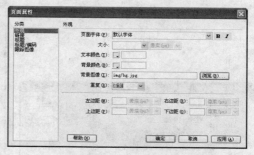

图 3-31 选择图像 　　　　　图 3-32 设置图像排列方式

（5）关闭对话框后即可看到网页背景发生了变化，效果如图 3-33 所示。

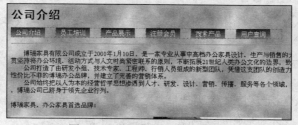

图 3-33 设置背景图像后的效果

操作四　制作鼠标经过图像

（1）将文本插入点定位到前面插入的两幅图像中的后一幅图像右侧，按 9 次 "Ctrl+Shift+空格"组合键插入 9 个不换行空格，如图 3-34 所示。

（2）选择【插入记录】→【图像对象】→【鼠标经过图像】菜单命令，如图 3-35 所示。

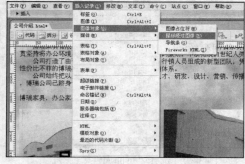

图 3-34　插入多个不换行空格　　　　　　图 3-35　选择"鼠标经过图像"命令

（3）打开"插入鼠标经过图像"对话框，在"图像名称"文本框中输入"product"，单击"原始图像"文本框右侧的"浏览"按钮，如图 3-36 所示。

（4）打开"原始图像"对话框，在其中选择"03.jpg"文件，单击"确定"按钮，如图 3-37 所示。

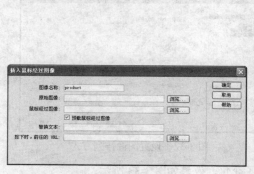

图 3-36　设置图像名称　　　　　　　　　图 3-37　选择图像

（5）返回"插入鼠标经过图像"对话框，单击"鼠标经过图像"文本框右侧的"浏览"按钮，如图 3-38 所示。

（6）打开"鼠标经过图像"对话框，在其中选择"04.jpg"文件，单击"确定"按钮，如图 3-39 所示。

（7）返回"插入鼠标经过图像"对话框，在"替换文本"文本框中输入"产品"，单击"按下时，前往的 URL"文本框右侧的"浏览"按钮，如图 3-40 所示。

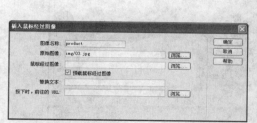

图 3-38　设置原始图像

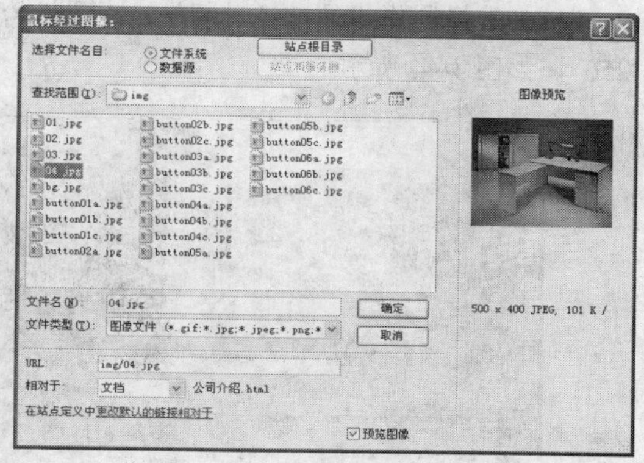

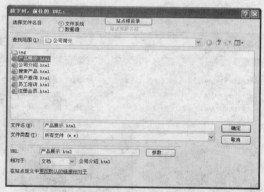

图 3-39　选择图像

（8）打开"按下时，前往的 URL"对话框，在其中选择"产品展示.html"文件，单击"确定"按钮，如图 3-41 所示。

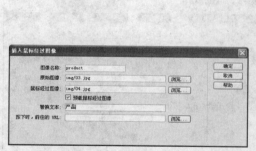

图 3-40　设置鼠标经过图像

图 3-41　选择文件

（9）返回"插入鼠标经过图像"对话框，单击"确定"按钮，如图 3-42 所示。

（10）此时制作的鼠标经过图像将插入到网页中，但仅显示设置的原始图像，如图 3-43 所示。

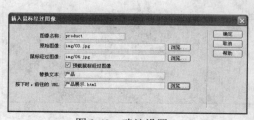

图 3-42　确认设置

图 3-43　显示的原始图像

（11）选择制作的鼠标经过图像，在属性检查器中将其宽度和高度分别设置为"322"和"256"，如图 3-44 所示。

图 3-44　调整图像大小

（12）保存制作的网页，按"F12"键进行预览，此时将鼠标指针移至导航条中的某个项目上时，该项目将发生变化，如图 3-45 所示。

（13）单击该项目即可跳转到链接的网页中，如图 3-46 所示。

图 3-45　鼠标指针指向导航条某项目时的效果　　　　图 3-46　跳转的目标网页

（14）将鼠标指针移至制作的鼠标经过图像上时，图像将发生变化，如图 3-47 所示。

（15）单击该图像即可跳转到链接的网页中，如图 3-48 所示。

图 3-47　鼠标指针指向鼠标经过图像上时的效果　　　　图 3-48　跳转的目标网页

◆ **学习与探究**

本任务主要练习了在网页中插入图像、调整图像大小、插入导航条、设置网页背景图像及制作鼠标经过图像等操作。使用图像进行网页设计时，要掌握好图像的清晰度与下载速度的平衡点，即大尺寸的图像清晰度更高，细节反映效果更好，但图像尺寸过大，浏览者在浏览网页时图像的下载速度过慢，很久无法显示出图像内容。这一点在制作网页背景图像时体现得也比较明显。很多初学者为了制作漂亮的网页背景，往往会选择很多精美的大尺寸图片，这样虽然能使网页更加美观，但浏览网页时却经常出现无法显示背景图像内容或显示速度太慢的情况。因此本模块在制作网页背景图像时，都是选择小尺寸图像并通过重复排列来达到需求的，所选的小尺寸图像合理，不仅能极大地提高背景图像的显示速度，也能让网页看上去更加精美。

综上所述，图像的选择是网页设计过程中相当重要的一环，不仅要考虑其内容表达的准确、精美，还应该同时考虑到在后期发布后浏览者浏览网页时的下载速度。

任务二　制作"红玫瑰化妆品"网页

◆ **任务目标**

本任务的目标是在新建的网页中输入并设置文本，然后插入图像并进行各种属性设置，最后为图像创建和设置热点区域，完成后的最终效果如图 3-49 所示。通过练习重点掌握图像的各种属性设置方法及热点区域的创建和设置等操作。

 素材位置：模块三\素材\红玫瑰化妆品\眼影.html、睫毛膏.html、眼线眉笔.html…
效果图位置：模块三\源文件\红玫瑰化妆品\红玫瑰化妆品.html、眼影.html…

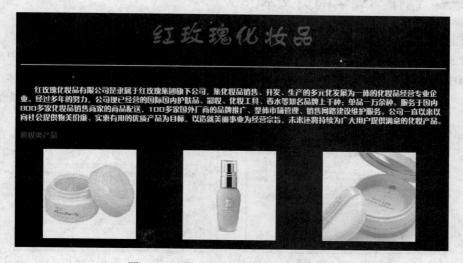

图 3-49　制作"红玫瑰化妆品"网页效果

本任务的具体目标要求如下：

（1）巩固在网页中编辑文本的方法。

（2）掌握图像的插入方法与各种属性设置方法。

（3）掌握在图像上创建和设置热点的操作。

◆ 操作思路

本任务的操作思路如图 3-50 所示，涉及的知识点有文本的输入与设置、图像的插入、设置图像的大小、对齐方式、边距、边框，裁切图像，调整图像的亮度、对比度、锐度，以及创建和设置热点等。具体思路及要求如下：

（1）新建网页，在其中输入需要的文本并设置格式。

（2）插入多幅图像并调整其大小和对齐方式。

（3）为插入的图像设置边距和边框。

（4）插入一幅图像，并对其进行裁剪和各种调整操作。

（5）为插入的图像创建热点。

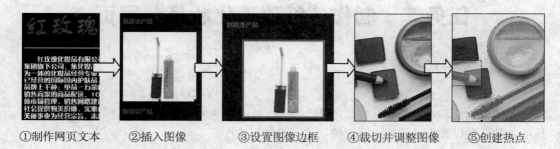

①制作网页文本　②插入图像　　③设置图像边框　④裁切并调整图像　⑤创建热点

图 3-50　制作"红玫瑰化妆品"网页的操作思路

操作一　制作与编辑网页文本

（1）新建空白的网页文件，在其中输入如图 3-51 所示的文本内容。

（2）将标题"红玫瑰化妆品"文本的格式设置为"字体-方正新舒体简体、大小-60、颜色-#CC0033、居中对齐"，如图 3-52 所示。

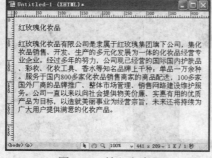

图 3-51　输入文本

图 3-52　设置标题文本格式

（3）在标题文本下方插入水平线，如图 3-53 所示。

（4）选择【修改】→【页面属性】菜单命令，打开"页面属性"对话框，将"外观"选项的背景颜色设置为"#000000"，单击"确定"按钮，如图 3-54 所示。

图 3-53 插入水平线

图 3-54 设置页面背景颜色

（5）将除标题以外的所有文本格式设置为"字体-方正粗倩简体、颜色-#FFFFFF"，并在文本开始处插入 8 个不换行空格，如图 3-55 所示。

（6）在文本最后利用"Enter"键分段，并输入如图 3-56 所示的类别文本。

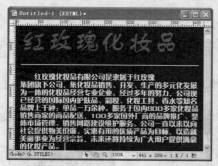

图 3-55 设置文本格式

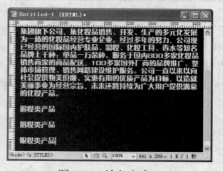

图 3-56 输入文本

（7）将类别文本的格式设置为"字体-方正粗倩简体、颜色-#CC0033"，如图 3-57 所示。

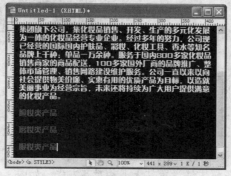

图 3-57 设置文本格式

操作二　设置图像大小和对齐方式

（1）将文本插入点定位到如图 3-58 所示的位置，然后在"插入"栏的"常用"选项卡中单击"图像"按钮。

（2）打开"选择图像源文件"对话框，选择电子资料包提供的"L01.jpg"文件，单击"确定"按钮，如图 3-59 所示。

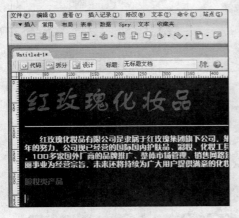

图 3-58　单击"图像"按钮

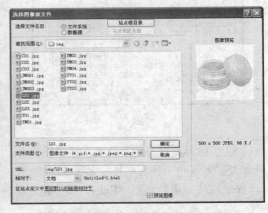

图 3-59　选择图像

（3）打开"图像标签辅助功能属性"对话框，在"替换文本"下拉列表框中选择"粉底霜"，单击"确定"按钮，如图 3-60 所示。

（4）选择插入的图像，在属性检查器中将其宽度和高度均设置为"200"，如图 3-61 所示。

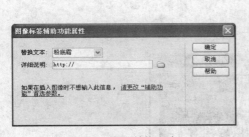

图 3-60　设置替换文本

图 3-61　设置图像大小

（5）保持图像的选中状态，单击属性检查器右侧的"左对齐"按钮，设置图像的对齐方式，如图 3-62 所示。

（6）将文本插入点定位在插入图像的右侧，利用插入栏中的"图像"按钮插入"L02.jpg"图像，并按前一幅图像的设置方法设置其大小和对齐方式，如图 3-63 所示。

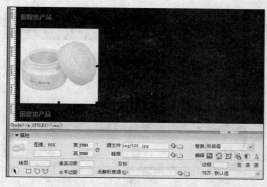

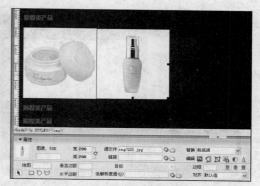

图3-62　设置图像的对齐方式　　　　图3-63　插入图像并设置大小和对齐方式

（7）使用相同的方法插入"L03.jpg"图像，并设置相同的大小和对齐方式，如图3-64所示。

（8）在"唇妆类产品"文本下方依次插入"C01.jpg"、"C02.jpg"和"C03.jpg"图像，按照相同的方法设置图像大小和对齐方式，如图3-65所示。

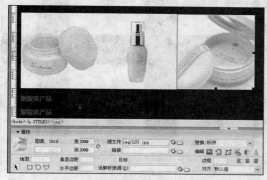

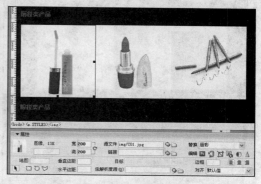

图3-64　设置图像的大小和对齐方式　　　图3-65　插入图像并设置大小和对齐方式

 提示　若多幅图像处于同一段中，则只需为其中一幅图像设置对齐方式，其余图像也将同时应用相同的对齐效果。

操作三　设置图像边距和边框

（1）选择脸妆类产品下的第1幅图像，在属性检查器的"垂直边距"和"水平边距"文本框中分别输入"10"和"40"，设置该图像与其周围其他元素之间的间隔距离，如图3-66所示。

（2）保持该图像的选中状态，在属性检查器的"边框"文本框中输入"5"，为该图像添加粗细为5像素的边框，如图3-67所示。

（3）选择脸妆类产品下的第2幅图像，按照相同的方法对其边距和边框进行设置，如图3-68所示。

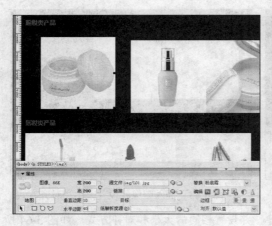

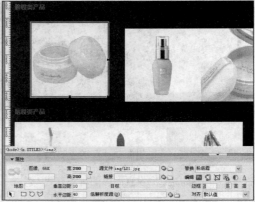

图 3-66　设置图像边距　　　　　　　　图 3-67　设置图像边框

（4）按照相同的方法继续设置网页中其他图像的边距与边框，如图 3-69 所示。

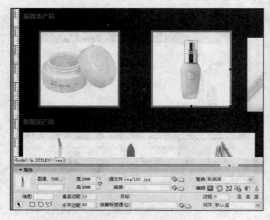

图 3-68　设置图像边距与边框　　　　　　图 3-69　设置其他图像边距与边框

操作四　裁切和调整图像

（1）在眼妆类产品下插入"Y01.jpg"图像，如图 3-70 所示。

图 3-70　插入图像

（2）选中图像，将鼠标指针移至图像右下角的黑色控制点上，使指针变为双向箭头的形状，如图 3-71 所示。

（3）按住 "Shift" 键的同时，按住鼠标左键不放并向左上方拖动，等比例缩小图像尺寸，如图 3-72 所示。

图 3-71　定位鼠标指针

图 3-72　利用鼠标调整图像大小

　提示　拖动鼠标可以更加直观地调整图像，但调整时要使图像不变形，一定要在按住 "Shift" 键不放的情况下拖动鼠标。若要精确调整图像大小，则建议直接在属性检查器中设置。

（4）保持图像的选中状态，单击属性检查器中的 "裁剪" 按钮，如图 3-73 所示。

（5）在打开的提示对话框中单击 "确定" 按钮，如图 3-74 所示。

图 3-73　单击 "裁剪" 按钮

图 3-74　单击 "确定" 按钮

（6）此时所选图像上将出现灰色和白色两种区域，其中灰色区域代表将被裁剪掉的部分，白色区域代表裁剪后显示的部分，如图 3-75 所示。

（7）将鼠标指针移至灰色区域与白色区域交界处的某个控制点上，按住鼠标左键不放并进行拖动，可设置图像的裁切区域，这里向下拖动上边框中间的控制点，裁切掉图像上方多余的部分，如图 3-76 所示。

图 3-75　显示图像裁切前后的区域　　　　　图 3-76　调整裁切区域

（8）调整完成后按"Enter"键确认裁切操作，单击属性检查器中"裁剪"按钮□右侧的"亮度和对比度"按钮◑，如图 3-77 所示。

（9）在打开的提示对话框中单击"确定"按钮，如图 3-78 所示。

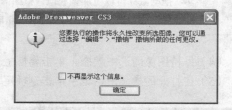

图 3-77　确认裁切　　　　　　　　　图 3-78　单击"确定"按钮

（10）打开"亮度/对比度"对话框，拖动滑块或直接在文本框中输入数据，将亮度和对比度分别设置为"-8"和"5"，单击"确定"按钮，如图 3-79 所示。

（11）单击属性检查器中"亮度和对比度"按钮◑右侧的"锐化"按钮△，在打开的提示对话框中单击"确定"按钮，如图 3-80 所示。

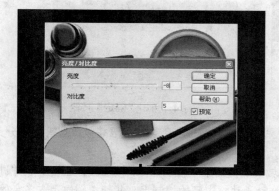

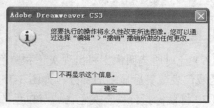

图 3-79　调整图像亮度和对比度　　　　　图 3-80　单击"确定"按钮

（12）打开"锐化"对话框，拖动滑块或直接在文本框中输入数据，将锐化程度设置为"3"，单击"确定"按钮，如图 3-81 所示。

（13）设置后的图像效果如图 3-82 所示。

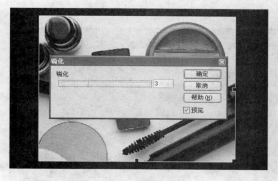

图 3-81　设置锐化程度

图 3-82　图像设置后的效果

操作五　创建和设置热点

（1）选中调整后的图像，单击属性检查器左下方的"椭圆形热点工具"按钮◯，如图 3-83 所示。

（2）将鼠标指针移至图像上，此时鼠标指针将变为十字光标的形状，按住鼠标左键不放并拖动鼠标绘制椭圆形的热点区域，如图 3-84 所示。

图 3-83　选择热点工具

图 3-84　绘制热点区域

（3）在打开的提示对话框中单击"确定"按钮，如图 3-85 所示。

图 3-85　单击"确定"按钮

（4）释放鼠标完成绘制，单击属性检查器左下方的"指针热点工具"按钮，如图 3-86
所示。

（5）将鼠标指针移至绘制的热点区域上，按住鼠标左键不放并拖动至图像中的圆形眼影区
域，如图 3-87 所示。

图 3-86 选择热点工具

图 3-87 拖动热点区域

（6）拖动热点区域边界上的控制点，适当调整其大小，以便更好地覆盖图像上指定的区域，
如图 3-88 所示。

（7）调整好热点区域后，单击属性检查器中"链接"文本框右侧的"浏览文件"按钮，
如图 3-89 所示。

图 3-88 调整热点区域

图 3-89 设置链接对象

（8）打开"选择文件"对话框，在其中选择电子资料包提供的"眼影.html"文件，单击
"确定"按钮，如图 3-90 所示。

（9）保持热点区域的选中状态，单击属性检查器中"目标"下拉列表框右侧的下拉按钮，
在弹出的下拉列表中选择"_self"选项，如图 3-91 所示。

（10）继续在属性检查器的"替换"下拉列表框中输入替换文本，这里输入"眼影产品"，
如图 3-92 所示。

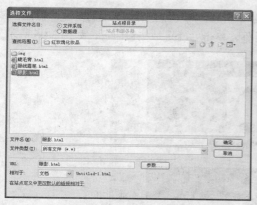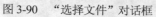

图 3-90　"选择文件"对话框

图 3-91　设置链接的目标对象打开方式

（11）单击属性检查器中的"矩形热点工具"按钮□，在图像上绘制如图 3-93 所示的热点区域。

图 3-92　设置替换文本

图 3-93　绘制热点区域

（12）利用"指针热点工具"按钮▶对绘制的热点区域进行位置和大小的调整，如图 3-94 所示。

（13）将该热点区域的链接文件设置为"眼线眉笔.html"、目标设置为"_self"，替换文本设置为"眼线\眉笔产品"，如图 3-95 所示。

图 3-94　调整热点区域

图 3-95　设置热点区域的链接对象和目标方式等

（14）单击属性检查器中的"多边形热点区域"按钮 ，在图像上需绘制多边形热点区域的位置单击鼠标定位起点，此时将打开提示对话框，单击"确定"按钮即可，如图 3-96 所示。

图 3-96　定位多边形热点区域的起点

（15）根据图像上物品的位置来确定多边形热点区域的第 2 个点，如图 3-97 所示。

（16）按照相同的方法围绕图像上的物品来确定多边形热点区域，如图 3-98 所示。

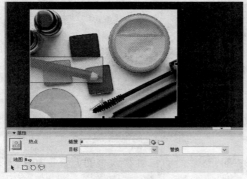

图 3-97　绘制多边形热点区域　　　　　　　图 3-98　绘制多边形热点区域

（17）当图像中绿色的热点区域包围物品时，多边形热点区域便绘制成功了，如图 3-99 所示。

图 3-99　完成多边形热点区域的绘制

（18）将该热点区域的链接文件设置为"睫毛膏.html"、目标设置为"_self"，替换文本设置为"睫毛膏产品"，如图3-100所示。

（19）将网页保存后按"F12"键即可预览效果，如图3-101所示。

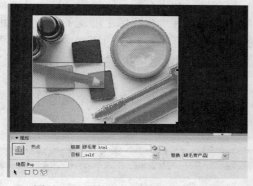

图3-100 设置热点区域的链接对象等

图3-101 预览效果

（20）单击设置了热点区域的图像上的眼影物品，如图3-102所示。

（21）此时将打开该热点区域链接的网页文件，如图3-103所示。

图3-102 单击眼影物品

图3-103 浏览链接的网页

（22）单击设置了热点区域的图像上的眉笔物品，如图3-104所示。

（23）此时将打开该热点区域链接的网页文件，如图3-105所示。

图3-104 单击眉笔物品

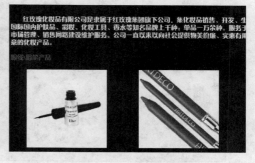

图3-105 浏览链接的网页

◆ 学习与探究

本任务重点练习了对插入到网页中的图像进行大小、对齐方式、边距和边框的调整、裁切图像，调整图像亮度、对比度和锐化程度，以及创建和设置热点区域等操作。其中热点区域在网页设计中是一种非常适用的手段，它不仅允许在一张图像上创建多个热点，也允许在相同网页中的多幅图像上进行创建，但此时就会涉及热点地图的概念。当相同网页中创建了多个热点地图时，需要在属性检查器的热点工具上将对应的热点地图名称进行修改，使其成为网页中唯一的热点地图名称即可。

另外，利用创建热点的方法也可以制作网页的导航条，当导航条为一幅图像时就显得更加适用，如图 3-106 所示。

| 首页 | 关于我们 | 产品中心 | 客户服务 | 公司新闻 |

图 3-106 利用热点创建导航条

实训一　添加"汽车销售"网页图像

◆ 实训目标

本实训要求在提供的网页中插入 3 幅图像，并对图像属性进行一定的设置，制作后的最终效果如图 3-107 所示。通过本实训主要练习图像的插入、图像大小、对齐方式，以及边距的调整等各种操作。

素材位置：模块三\素材\汽车销售\汽车销售业务范围.html…
效果图位置：模块三\源文件\汽车销售\汽车销售业务范围.html…

图 3-107 制作"汽车销售"网页效果

◆ **实训分析**

本实训的制作思路如图 3-108 所示，具体分析及思路如下。

（1）在网页中的"业务范围"文本下方插入"car01.jpg"图像，并通过拖动鼠标的方法适当缩小图像尺寸（利用"Shift"键等比例缩小）。

（2）选择插入的图像，设置其水平边距为"20"、对齐方式为"居中对齐"。

（3）按插入和设置"car01.jpg"图像的方法插入并设置"car02.jpg"和"car03.jpg"图像。

①插入图像并调整大小　②设置边距和对齐方式　③插入并设置其他图像

图 3-108　制作"汽车销售"网页的操作思路

实训二　制作"动物世界"网页

◆ **实训目标**

本实训要求在提供的网页中综合利用本模块所讲的知识来进行网页背景图像、制作导航条、插入并调整图像、制作鼠标经过图像，以及为图像创建热点等操作，制作后的最终效果如图 3-109 所示。

图 3-109　制作"动物世界"网页效果

素材位置： 模块三\素材\动物世界\动物世界.html、动物进化史、海洋动物…
效果图位置： 模块三\源文件\动物世界\动物世界.html、动物进化史、海洋动物…

◆ **实训分析**

本实训的制作思路如图 3-110 所示，具体分析及思路如下。

（1）打开电子资料包素材中提供的"动物世界.html"文件，将其页面背景设置为"bg.jpg"图像并重复排列。

（2）在标题文本下方插入导航条，创建 3 个按钮，其中第 1 个按钮的项目名称为"button1"、状态图像为"sea01.jpg"、鼠标经过图像为"sea02.jpg"、替换文本为"水下世界"、URL 链接目标为"海洋动物.html"，其他两个按钮进行参照设置。

（3）在正文段落的下方制作鼠标经过图像，其中原始图像为"a01.jpg"、鼠标经过图像为"a02.jpg"、替换文本为"点击了解动物进化史"、URL 链接目标设置为"动物进化史.html"。

（4）在鼠标经过图像右侧插入"a03.jpg"图像，在该图像左侧区域利用矩形热点工具绘制以"_self"方式链接到"动物生活习性.html"文件的热点区域。然后利用多边形热点工具以图像上的熊猫为对象绘制以"_self"方式链接到"动物基本情况.html"文件的热点区域。

（5）保存设置的网页并预览效果。

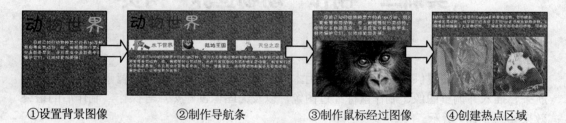

①设置背景图像　　　　②制作导航条　　　　③制作鼠标经过图像　　　　④创建热点区域

图 3-110　制作"动物世界"网页的操作思路

实践与提高

根据本模块所学内容，动手完成以下实践内容。

练习 1　制作"天府美食"网页

本练习将在提供的网页中插入 3 幅图像，并对图像的大小、对齐方式、边距及边框进行适当的调整，最终效果如图 3-111 所示。

素材位置： 模块三\素材\天府美食\天府美食.html、"img"文件夹…
效果图位置： 模块三\源文件\天府美食\天府美食.html、"img"文件夹…

图 3-111　"天府美食"网页效果

练习 2　制作"欢迎加盟"网页

本练习将为提供的网页设置重复排列的"bg.gif"背景图像，然后创建包含 4 个项目的导航条，其中涉及状态图像和鼠标经过图像的设置。最后将在文本下方制作鼠标经过图像，其中原始图像为"p01.jpg"、鼠标经过图像为"p02.jpg"，最终效果如图 3-112 所示。

素材位置：模块三\素材\欢迎加盟\欢迎加盟.html、"img"文件夹…
效果图位置：模块三\源文件\欢迎加盟\欢迎加盟.html、"img"文件夹…

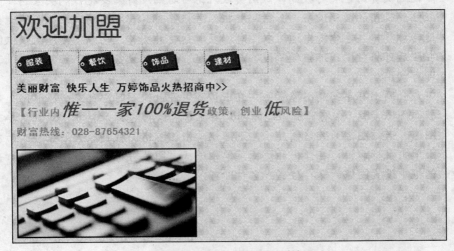

图 3-112　"欢迎加盟"网页效果

练习 3　制作"饰品风尚"网页

本练习将在提供的网页中插入"pic.jpg"图像，然后综合运用各种热点工具在该图像上创建不同的热点区域，最终效果如图 3-113 所示。

> **素材位置：**模块三\素材\饰品风尚\饰品风尚.html、pic.jpg
> **效果图位置：**模块三\源文件\饰品风尚\饰品风尚.html、pic.jpg

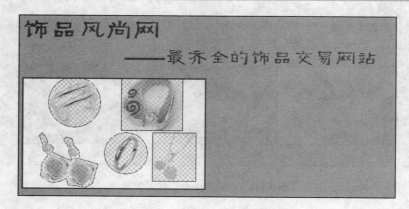

图 3-113　"饰品风尚"网页效果

练习 4　多种途径获取图像素材

图像是网页中除文本外的又一重要元素，利用适合的图像不仅可以增加网页的美感，而且更方便浏览。而图像的选择需要在拥有大量图像素材的基础上进行，因此如何获取图像是令许多初学者头痛的问题。下面就这个问题给出了以下 3 种获取图像的方法，仅供参考。

● 购买：一些公司专门制作图像素材并进行销售，其中包含了海量且精美的图像，不过购买费用也相对较高，做网页设计练习时则没有必要花钱购买素材。

● 拍照：目前的数码设备，如数码相机、手机等都具有拍照功能，并且能十分方便地与计算机共享资源。通过拍照可以获取想要的图像，而且不会涉及版权问题。拍照后可将数据线连接数码设备与计算机，然后将设备中的照片复制到计算机中即可使用。

● 下载：网上有丰富的图像资源，在进行网页设计练习时，可完全通过网上下载来获取图像素材（但有商业用途的则需要注意版权问题）。方法为：找到需要下载的图像，若该图像为缩略图显示，则建议单击该缩略图找到原始图像，然后在图像上单击鼠标右键，在弹出的快捷菜单中选择"图片另存为"命令，并在打开的对话框中设置图像的保存位置和名称即可。

模块四

为网页添加动态素材

除了图像外，网页中可以插入许多动态元素，包括 Flash 动画、视频、按钮、文本、Shockwave 影片、MPEG 视频以及音乐文件等，有了这些元素的加入，网页的视听效果将得到极大的丰富，使网页更加生动，从而提高网页的表现力。本模块便对各种动态素材的插入与使用进行详细介绍。

学习目标

📖 掌握 Flash 动画、Flash 按钮、Flash 文本以及 Flash 视频的插入与设置的方法
📖 熟悉 Shockwave 影片以及视频插件的插入方法
📖 熟悉并掌握背景音乐、音乐链接以及嵌入页面音乐的添加方法

任务一　制作"员工培训"网页

◆ 任务目标

本任务的目标是在"员工培训"网页中插入各种 Flash 动态素材，包括 Flash 动画、Flash 视频、Flash 按钮和 Flash 文本等，完成后的最终效果如图 4-1 所示。通过练习掌握这些 Flash 动态素材的插入以及相应的设置方法。

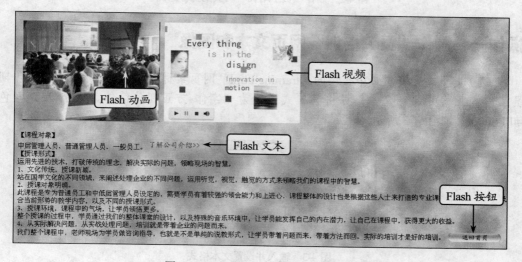

图 4-1　"员工培训"网页的最终效果

素材位置：模块四\素材\company\index.html、training.html、spark.swf、opening.flv⋯
效果图位置：模块四\源文件\company\index.html、training.html、spark.swf、opening.flv⋯

本任务的具体目标要求如下：

（1）了解表格的应用，为后面的章节中学习表格的使用做准备。

（2）熟悉并掌握网页中插入 Flash 动画和 Flash 视频。

（3）掌握 Flash 按钮的插入与设置方法。

（4）掌握 Flash 文本的插入与设置方法。

◆ 操作思路

本任务的操作思路如图 4-2 所示，涉及的知识点有文本的添加与设置、表格的使用、Flash 动画、Flash 视频、Flash 按钮以及 Flash 文本的使用等。具体思路及要求如下：

（1）为提供的"training.html"网页制作文本并进行格式设置。

（2）在网页中插入表格，并为表格添加图片背景。

（3）在表格中插入 Flash 动画和 Flash 视频，并进行适当设置。

（4）在文本的适当位置插入 Flash 按钮和 Flash 文本，并进行相应设置。

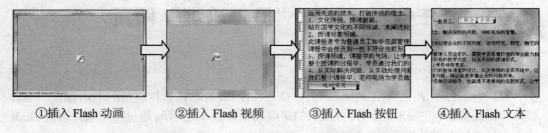

①插入 Flash 动画　　　②插入 Flash 视频　　　③插入 Flash 按钮　　　④插入 Flash 文本

图 4-2　制作"员工培训"网页的操作思路

操作一　制作"员工培训"网页文本和图像

（1）打开电子资料包中提供的"training.html"网页素材，在水平线下输入"新一期员工培训正式开课"文本，并将其格式设置为"字体-方正粗倩简体、大小-25、颜色-#FF0000"，如图 4-3 所示。

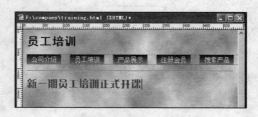

图 4-3　输入并设置文本格式

（2）继续输入如图4-4所示的文本，格式默认为 Dreamweaver 提供的初始值。

（3）在红色文本右侧定位插入点，按"Enter"键分段，然后选择【插入记录】→【表格】菜单命令，如图4-5所示。

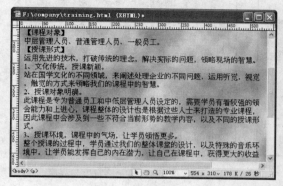

图4-4　输入文本　　　　　　　　　　　　图4-5　选择命令

（4）打开"表格"对话框，将行数和列数分别设置为"1"和"2"、表格宽度设置为"640"像素、单元格间距设置为"10"，单击"确定"按钮，如图4-6所示。

（5）此时将在网页当前插入点处插入1行2列的表格，单击插入表格左侧的单元格定位插入点，然后在属性检查器中单击"背景"文本框右侧的"单元格背景 URL"按钮，如图4-7所示。

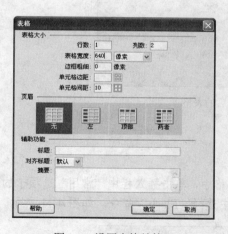

图4-6　设置表格结构

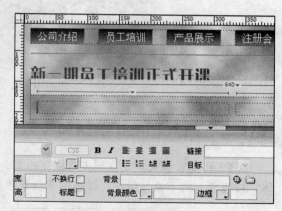

图4-7　设置单元格背景

提示　表格是网页设计时的一种重要的页面布局工具，它可以更好地在整体上规划网页结构，提高网页制作水平，本书将在模块六的部分对其进行详细讲解。

（6）打开"选择图像源文件"对话框，在其中选择电子资料包提供的"training.jpg"图像文件，单击"确定"按钮，如图4-8所示。

（7）此时文本插入点所在的单元格背景将应用所选的图像文件，将属性检查器中该单元格的宽度和高度分别设置为"320"和"240",如图4-9所示。

图4-8　选择背景图像

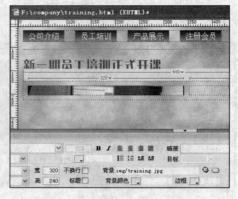

图4-9　设置单元格宽度与高度

（8）此时插入的表格效果如图4-10所示。

图4-10　设置后的表格

操作二　插入 Flash 动画和视频

（1）将文本插入点定位到表格左侧的单元格中，单击插入栏中"常用"选项卡的"媒体"按钮右侧的下拉按钮，在弹出的下拉菜单中选择"Flash"命令，如图4-11所示。

图4-11　选择"Flash"命令

（2）打开"选择文件"对话框，在其中选择电子资料包提供的"spark.swf"文件，单击"确定"按钮，如图 4-12 所示。

（3）打开"对象标签辅助功能属性"对话框，在"标题"文本框中输入"spark"，单击"确定"按钮，如图 4-13 所示。

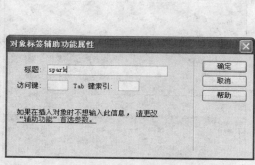

图 4-12　选择 Flash 动画文件　　　　　　　图 4-13　设置标题信息

提示　若暂时不需要在"对象标签辅助功能属性"对话框中设置 Flash 辅助信息，可直接单击"确定"按钮，需要设置时在属性检查器中操作即可。

（4）此时将在单元格文本插入点所在的单元格中插入如图 4-14 所示的对象，它是 Flash 动画在 Dreamweaver 中的显示标识，尺寸与 Flash 动画的大小相等。

（5）选择插入的 Flash 动画，在属性检查器中将其宽度和高度分别设置为"320"和"240"，如图 4-15 所示。

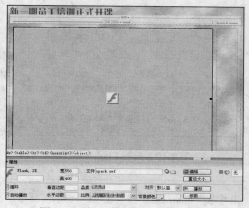

图 4-14　插入的 Flash 动画文件　　　　　　图 4-15　调整 Flash 动画文件的大小

提示　无论怎样调整 Flash 的背景框大小，Flash 动画的宽高比例始终保持不变，即便单独调整 Flash 的宽度或高度，Flash 动画也会自动变化来保持宽高比例。

（6）单击插入的表格边框，使其自动适合调整后的 Flash 动画文件的大小，如图 4-16 所示。

（7）选择插入的 Flash 动画文件，在属性检查器中选中"循环"和"自动播放"复选框，如图 4-17 所示，表示浏览者在浏览此网页时该动画将自动且循环进行播放。

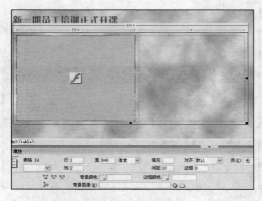
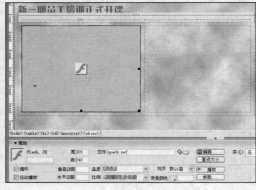

图 4-16　使表格适合动画文件的大小　　　　　图 4-17　设置动画播放方式

（8）保持 Flash 动画文件的选中状态，单击属性检查器的"品质"下拉列表框右侧的下拉按钮，在弹出的下拉列表中选择"自动高品质"选项，如图 4-18 所示。

（9）接着单击属性检查器的"比例"下拉列表框右侧的下拉按钮，在弹出的下拉列表中选择"无边框"选项，如图 4-19 所示。

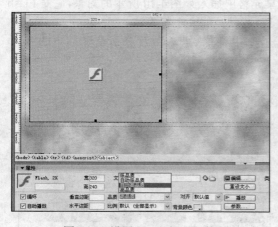
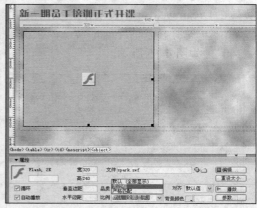

图 4-18　设置 Flash 动画品质　　　　　　　图 4-19　设置 Flash 动画比例

提示　　"品质"下拉列表框中的高品质表示优先考虑播放品质而非播放速度；"自动高品质"表示优先考虑播放品质，在系统资源许可的情况下再优化播放速度；"低品质"表示优先考虑播放速度而非播放品质；"自动低品质"表示优先考虑播放速度，在系统资源许可的情况下再兼顾播放品质。

> **提示**
>
> "比例"下拉列表框中的"默认"表示始终保持 Flash 动画宽高比例并保证整个动画画面全部显示在背景框范围内，水平或垂直方向上与背景框边线出现的差值部分由背景色进行填充；"无边框"表示始终保持 Flash 动画宽高比例并使动画画面填满整个背景框，但有可能造成水平或垂直方向上超出背景框的动画画面部分无法显示；"严格匹配"表示不考虑 Flash 动画的宽高比例，使其宽度和高度都与背景框匹配，这样将可能造成动画画面的宽高比例失衡。

（10）继续保持 Flash 动画文件的选中状态，单击属性检查器右下方的"参数"按钮，如图 4-20 所示。

（11）打开"参数"对话框，在"参数"栏的文本框中输入"wmode"，如图 4-21 所示。

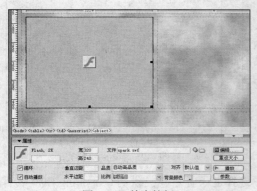

图 4-20　单击按钮

图 4-21　设置参数

（12）单击"值"栏下方的空白区域，在出现的文本框中输入"transparent"，单击"确定"按钮，如图 4-22 所示。

（13）在属性检查器中单击"播放"按钮，此时将在网页中预览动画效果，且"播放"按钮将变为"停止"按钮，单击该按钮停止 Flash 动画的播放，如图 4-23 所示。

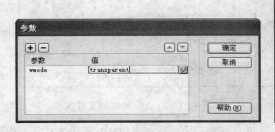

图 4-22　设置参数值

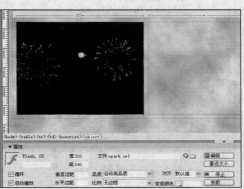

图 4-23　预览动画效果

> **提示** 由于插入 Flash 动画时，常常会出现因 Flash 动画自身带有的背景色而影响页面背景正常显示的情况，因此才会利用上述参数消除 Flash 动画的背景色。

（14）将文本插入点定位到表格右侧的单元格中，单击插入栏中"常用"选项卡的"媒体"按钮右侧的下拉按钮，在弹出的下拉菜单中选择"Flash 视频"命令，如图 4-24 所示。

（15）打开"插入 Flash 视频"对话框，在"视频类型"下拉列表框中选择"累进式下载视频"选项，然后单击下方的"浏览"按钮，如图 4-25 所示。

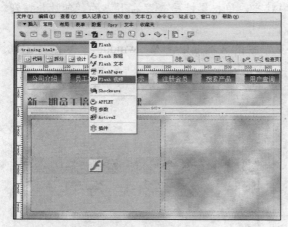

图 4-24 选择"Flash 视频"命令

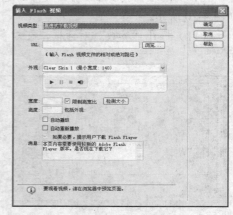

图 4-25 设置视频类型

（16）打开"选择文件"对话框，在其中选择电子资料包提供的"opening.flv"文件，单击"确定"按钮，如图 4-26 所示。

（17）返回"插入 Flash 视频"对话框，单击"检测大小"按钮，如图 4-27 所示。

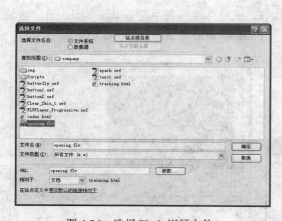

图 4-26 选择 Flash 视频文件

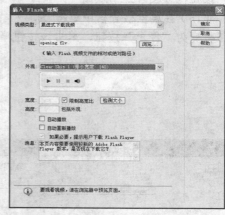

图 4-27 自动检测视频文件大小

（18）此时"宽度"和"高度"文本框中将自动输入所插入的 Flash 视频大小，选中"自动播放"和"自动重新播放"复选框，然后单击"确定"按钮，如图 4-28 所示。

（19）此时将在文本插入点所在的单元格中插入如图 4-29 所示的对象，它是 Flash 视频在 Dreamweaver 中的显示标识。

图 4-28　设置播放模式

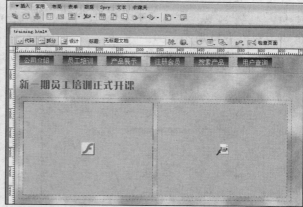

图 4-29　完成 Flash 视频的插入

提示　插入 Flash 视频时，其视频类型中的"累进式下载视频"方式表示用于将 FLV 文件下载到访问者硬盘上然后播放，并允许边下载边播放；"流视频"方式表示采用流媒体工作方式，要求具有对 Flash 专用流媒体服务器的访问权限。

操作三　插入 Flash 按钮

（1）将文本插入点定位到网页中文本的最后，单击插入栏中"常用"选项卡的"媒体"按钮右侧的下拉按钮，在弹出的下拉菜单中选择"Flash 按钮"命令，如图 4-30 所示。

（2）打开"插入 Flash 按钮"对话框，在"样式"列表框中选择 Dreamweaver 自带的 Flash 按钮样式，这里选择"Glass-Silver"选项，如图 4-31 所示。

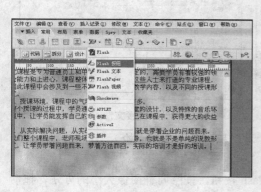

图 4-30　选择"Flash 按钮"命令

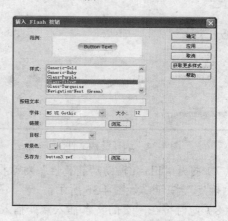

图 4-31　选择 Flash 按钮样式

（3）在"按钮文本"文本框中输入 Flash 按钮上需要显示的文本内容，这里输入"返回首页"，如图 4-32 所示。

（4）在"字体"下拉列表框中设置 Flash 按钮上显示文本的字体格式，这里选择"楷体-GB2312"选项，默认文本大小为"12"，然后单击下方"链接"文本框右侧的"浏览"按钮，如图 4-33 所示。

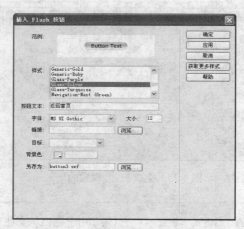

图 4-32 输入 Flash 按钮上显示的文本　　　　图 4-33 设置 Flash 按钮上的文字格式

（5）打开"选择文件"对话框，在其中选择"index.html"文件，单击"确定"按钮，如图 4-34 所示。

（6）返回"插入 Flash 按钮"对话框，在"目标"下拉列表框中选择"-self"选项，单击"确定"按钮，如图 4-35 所示。

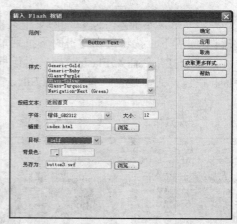

图 4-34 选择链接文件　　　　　　　　　　图 4-35 设置链接文件的打开方式

（7）打开"Flash 辅助功能属性"对话框，在"标题"文本框中输入"fanhuishouye"，单击"确定"按钮，如图 4-36 所示。

（8）此时将在网页的文本插入点处插入 Flash 按钮，按照调整图像大小的方法，拖动鼠标适当增大按钮尺寸，如图 4-37 所示。

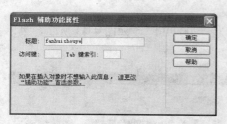

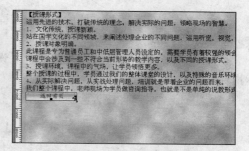

图4-36　设置标题文本信息　　　　　　图4-37　调整按钮大小

（9）保持 Flash 按钮的选中状态，单击属性检查器中的"参数"按钮，如图 4-38 所示。

（10）打开"参数"对话框，按照设置 Flash 动画文件的方法对 Flash 按钮的参数进行相同的设置，完成后单击"确定"按钮，如图 4-39 所示。

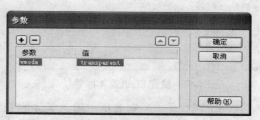

图4-38　单击按钮　　　　　　　　　　图4-39　设置参数

操作四　插入 Flash 文本

（1）将文本插入点定位到"【课程对象】"下的正文后面，单击插入栏中"常用"选项卡的"媒体"按钮右侧的下拉按钮，在弹出的下拉菜单中选择"Flash 文本"命令，如图 4-40 所示。

（2）打开"插入 Flash 文本"对话框，在"字体"下拉列表框中选择"楷体-GB2312"选项，并在"大小"文本框中输入"18"，如图 4-41 所示。

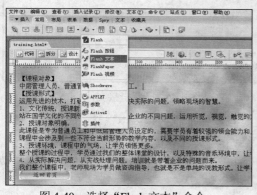

图4-40　选择"Flash 文本"命令　　　　图4-41　设置 Flash 文本格式

（3）单击"颜色"栏右侧的色块，在弹出的列表中单击编号为"#003366"对应的色块选项，如图 4-42 所示。

（4）使用相同的方法将"转滚颜色"设置为"#0099FF"，如图 4-43 所示，表示当鼠标指针移至 Flash 文本上时显示的颜色。

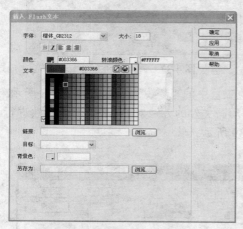

图 4-42　设置 Flash 文本颜色　　　　图 4-43　设置 Flash 文本转滚颜色

（5）在"文本"列表框中输入具体的 Flash 文本内容，这里输入"了解公司介绍>>"，然后单击"链接"文本框右侧的"浏览"按钮，如图 4-44 所示。

（6）打开"选择文件"对话框，在其中选择"index.html"文件，单击"确定"按钮，如图 4-45 所示。

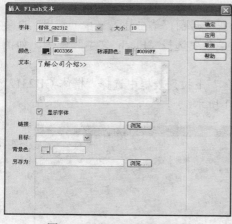

图 4-44　设置 Flash 文本内容　　　　图 4-45　选择链接文件

（7）返回"插入 Flash 文本"对话框，在"目标"下拉列表框中选择"-self"选项，单击"确定"按钮，如图 4-46 所示。

（8）此时将在网页的文本插入点处插入 Flash 按钮，按照调整图像大小的方法，拖动鼠标适当增大文本尺寸，如图 4-47 所示。

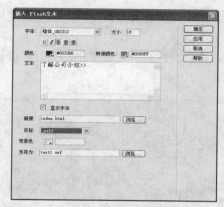

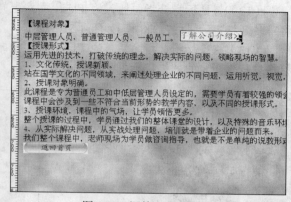

图 4-46 设置链接目标的打开方式　　　　　图 4-47 调整 Flash 文本尺寸

（9）保持 Flash 文本的选中状态，单击属性检查器中的"参数"按钮，如图 4-48 所示。

（10）打开"参数"对话框，按照设置 Flash 动画文件的方法对 Flash 文本的参数进行相同的设置，完成后单击"确定"按钮，如图 4-49 所示。

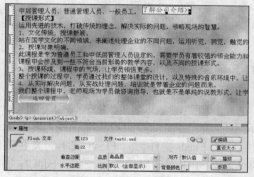

图 4-48 单击按钮　　　　　　　　　图 4-49 设置参数

（11）将设置的网页文件进行保存后按"F12"键预览，此时将自动播放插入到网页中的 Flash 动画和 Flash 视频内容，如图 4-50 所示。

图 4-50 预览插入的 Flash 动画和 Flash 视频

（12）将鼠标指针指向插入的 Flash 文本上时，文本颜色会发生改变，此时单击鼠标将跳转到指定的链接目标中，如图 4-51 所示。

（13）将鼠标指针指向插入的 Flash 按钮上时，按钮会发生一定的变化，此时单击鼠标将跳转到指定的链接目标中，如图 4-52 所示。

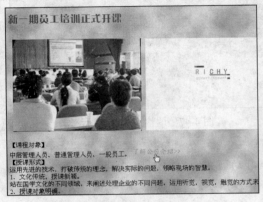

图 4-51　应用 Flash 文本效果

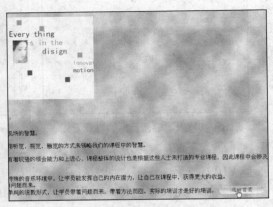

图 4-52　应用 Flash 按钮效果

◆ 学习与探究

本任务主要练习了在网页中插入 Flash 动画、Flash 视频、Flash 按钮和 Flash 文本等各种动态素材并进行设置的方法。

其中 Flash 文本与一般具有超级链接功能的文本相比，其优势是可以确保正常显示 Flash 文本的格式，这就比网页文本只显示常用文本格式（前提是为安装其他字体）更为实用。因为 Flash 文本是将文本制作成以矢量方式显示的 Flash 文件，且 Flash 文本的文字效果是经平滑处理后得到的效果，不会因文本字体大小的变化而使显示效果变差。因此在制作关于文本的超级链接时，为考虑浏览者能正确观赏到设置的文本格式，可利用 Flash 文本来实现。

另外，无论哪种类型的 Flash 动态素材，插入到网页中时一般都具有其自己的背景，因此本任务中介绍的"wmode、transparent"这一清除背景的参数就变得十分实用了。建议熟悉并掌握此参数的用法，使插入到网页中的 Flash 动态素材与网页更加相得益彰。

任务二　制作"动物世界"网页

◆ 任务目标

本任务的目标是为"动物世界"网页插入 Shockwave 影片和视频插件，完成后的最终效果如图 4-53 所示。通过练习掌握在网页中插入 Shockwave 影片和视频插件的方法以及相应的设置操作。

素材位置：模块四\素材\animal\animal world.html、animal.dcr、Wildlife.wmv…
效果图位置：模块四\源文件\ animal\animal world.html、animal.dcr、Wildlife.wmv…

图 4-53　在"动物世界"网页中插入影片和视频后的效果

本任务的具体目标要求如下：
（1）掌握插入与设置 Shockwave 影片的操作。
（2）掌握插入视频插件的方法。

◆　操作思路

本任务的操作思路如图 4-54 所示，涉及的知识点有单元格的拆分、插入 Shockwave 影片和插入格式为.wmv 的视频文件。具体思路及要求如下：
（1）将网页中的单元格拆分为两个单元格。
（2）在拆分后左侧的单元格中插入并设置 Shockwave 影片。
（3）在拆分后右侧的单元格中插入并设置视频插件。

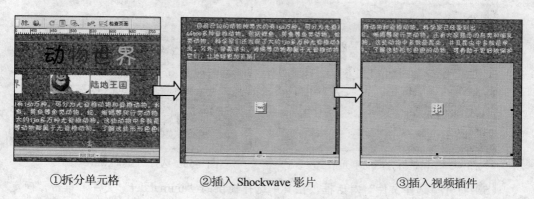

①拆分单元格　　　②插入 Shockwave 影片　　　③插入视频插件

图 4-54　制作"动物世界"网页的操作思路

操作一　插入和设置 Shockwave 影片

（1）打开电子资料包提供的"animal world.html"文件，在网页表格中最后一行单元格中单击鼠标右键，在弹出的快捷菜单中选择【表格】→【拆分单元格】菜单命令，如图4-55 所示。

（2）打开"拆分单元格"对话框，选中"列"单选按钮，将"列数"数值框中的数值设置为"2"，单击"确定"按钮，如图4-56 所示。

图4-55　选择"拆分单元格"命令

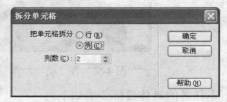

图4-56　拆分单元格

（3）将鼠标指针移至拆分后的单元格中间的边框上，当其变为 ⊪ 形状时按住鼠标左键不放向右拖动，当显示拆分后的两个单元格的宽度均为"407"时释放鼠标，如图4-57 所示。

（4）将文本插入点定位到拆分后的左侧的单元格中，单击插入栏中"常用"选项卡的"媒体"按钮右侧的下拉按钮，在弹出的下拉菜单中选择"Shockwave"命令，如图4-58 所示。

图4-57　调整拆分后的单元格宽度

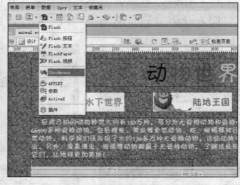

图4-58　选择"Shockwave"命令

（5）打开"选择文件"对话框，在其中选择提供的"animal.dcr"文件，单击"确定"按钮，如图4-59 所示。

（6）打开"对象标签辅助功能属性"对话框，在"标题"文本框中输入"animal"，单击"确定"按钮，如图4-60所示。

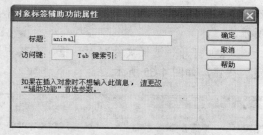

图4-59 选择Shockwave文件 图4-60 设置标题辅助信息

（7）此时将在文本插入点所在的单元格中插入如图4-61所示的标识为Shockwave影片的图标。

（8）保持Shockwave影片的选中状态，在属性检查器中将其宽度和高度分别设置为"407"和"260"，如图4-62所示。

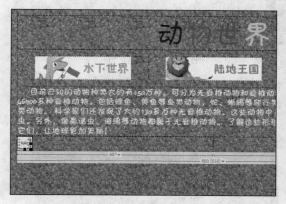

图4-61 插入Shockwave影片 图4-62 调整Shockwave影片大小

（9）继续保持Shockwave影片的选中状态，在属性检查器的"对齐"下拉列表框中选择"居中"选项，调整Shockwave影片的对齐方式，如图4-63所示。

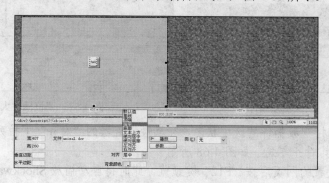

图4-63 设置Shockwave影片对齐方式

操作二　添加视频插件

（1）将文本插入点定位到前面拆分单元格后的右侧的单元格中，单击插入栏中"常用"选项卡的"媒体"按钮右侧的下拉按钮，在弹出的下拉菜单中选择"插件"命令，如图 4-64 所示。

（2）打开"选择文件"对话框，在其中选择提供的"Wildlife.wmv"文件，单击"确定"按钮，如图 4-65 所示。

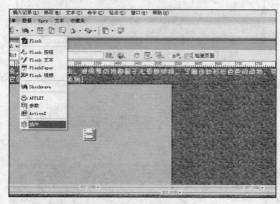

图 4-64　选择"插件"命令

图 4-65　选择文件

（3）此时将在文本插入点所在的单元格中插入如图 4-66 所示的标识为插件的图标。

（4）保持视频插件的选中状态，在属性检查器中将其宽度和高度分别设置为"407"和"260"，如图 4-67 所示。

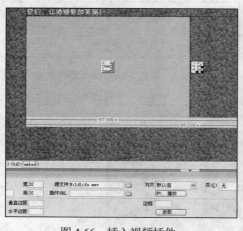

图 4-66　插入视频插件

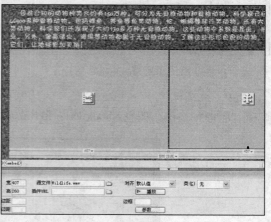

图 4-67　调整插件大小

（5）继续保持视频插件的选中状态，在属性检查器的"对齐"下拉列表框中选择"居中"选项，调整其对齐方式，如图 4-68 所示。

（6）保存设置的网页后按"F12"键预览，此时将自动播放 Shockwave 影片以及视频插件的内容，如图 4-69 所示。

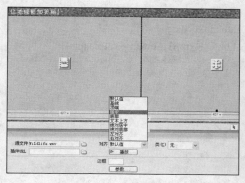

图 4-68 设置对齐方式

图 4-69 预览效果

◆ 学习与探究

本任务主要练习了在网页中插入 Shockwave 影片和视频插件的方法，其中 Shockwave 影片是网页中经常看到的一种媒体文件，它由 Macromedia Director 软件制作，采用了比 Flash 更复杂的播放控制技术，提供了优秀的、可扩展的脚本引擎，功能比 Flash 更为强大，常常被用于制作多媒体课件、具有较复杂逻辑的网页小游戏等，其格式有 DCR、DXR、DIR 等几种。需要注意的是，要想在浏览器中运行 Shockwave 影片或视频，都需要在电脑中安装 Shockwave 和视频播放器插件，一般情况下在第 1 次预览时 Dreamweaver 都会自动提醒安装，只需按照要求确认安装即可。

任务三 制作"在线音乐"网页

◆ 任务目标

本任务的目标是制作"在线音乐"网页，要求利用表格来创建网页内容。完成后的最终效果如图 4-70 所示。通过练习重点掌握在网页中插入背景音乐、嵌入页面音乐以及添加音乐链接等操作。

图 4-70 "在线音乐"网页的最终效果

> **素材位置：** 模块四\素材\music\bg.mp3、safe.mp3、pic.jpg
> **效果图位置：** 模块四\源文件\music\index.html、bg.mp3、safe.mp3、pic.jpg

本任务的具体目标要求如下：

（1）掌握添加网页背景音乐的方法。

（2）掌握如何在网页中嵌入音乐。

（3）熟悉添加音乐链接的操作。

◆ 操作思路

本任务的操作思路如图 4-71 所示，涉及的知识点有表格的使用、文本的添加与设置、图片的插入、页面背景颜色的设置、背景音乐的添加、页面音乐的嵌入，以及音乐链接的添加等。具体思路及要求如下：

（1）插入表格并设置宽度和插入的行列数。

（2）添加适当的文本并进行格式设置。

（3）设置页面背景颜色并插入图片。

（4）为网页添加背景音乐。

（5）在网页中嵌入页面音乐并添加音乐链接。

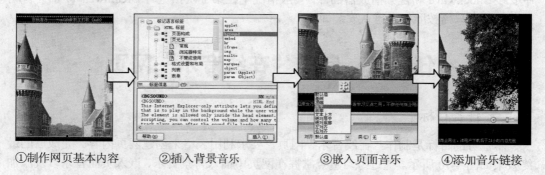

①制作网页基本内容　　　②插入背景音乐　　　③嵌入页面音乐　　　④添加音乐链接

图 4-71　制作"在线音乐"网页的操作思路

操作一　编辑网页内容

（1）启动 Dreamweaver CS3，新建一个空白的网页，然后在文本插入点处单击鼠标右键，在弹出的快捷菜单中选择【对齐】→【居中对齐】菜单命令，如图 4-72 所示。

（2）此时文本插入点将自动定位到网页中间，选择【插入记录】→【表格】菜单命令，如图 4-73 所示。

（3）打开"表格"对话框，在"行数"和"列数"文本框中分别输入"5"和"1"；在"表格宽度"文本框中输入"800"；在"单元格边距"文本框中输入"1"；在"单元格边框"文本框中输入"1"，单击"确定"按钮，如图 4-74 所示。

图 4-72 调整文本插入点的对齐方式

图 4-73 插入表格

（4）此时将在文本插入点处插入设置的表格，在当前文本插入点处单击鼠标右键，在弹出的快捷菜单中选择【对齐】→【居中对齐】菜单命令，如图 4-75 所示。

图 4-74 设置表格属性

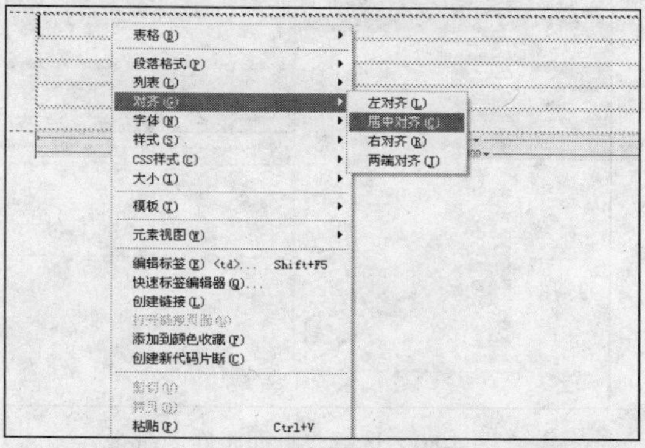

图 4-75 调整文本插入点的对齐方式

（5）在文本插入点处输入如图 4-76 所示的文本内容。

（6）选择输入的文本，将其字号大小设置为"12"、颜色设置为"#999999"，如图 4-77 所示。

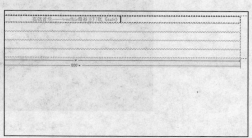

图 4-76 输入文本

图 4-77 设置文本格式

（7）单击最后一行单元格，将文本插入点定位到其中，输入如图 4-78 所示的文本。

（8）选择输入的文本，将其字号大小设置为"12"、颜色设置为"#999999"，并加粗

"申明:"文本,如图 4-79 所示。

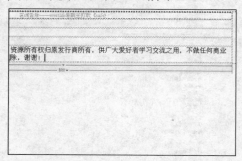

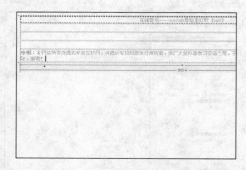

图 4-78　输入文本　　　　　　　　　　　　　图 4-79　设置文本格式

（9）选择【修改】→【页面属性】菜单命令，如图 4-80 所示。

（10）打开"页面属性"对话框，将"外观"选项中的"背景颜色"设置为"#000000"，单击"确定"按钮，如图 4-81 所示。

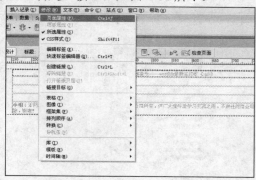

图 4-80　选择"页面属性"命令　　　　　　　图 4-81　设置背景首页

（11）此时网页背景将应用所设置的颜色，如图 4-82 所示。

图 4-82　更改后的网页页面颜色

（12）将文本插入点定位到第 2 行单元格中，单击插入栏中"常用"选项卡的"图像"按钮 ，如图 4-83 所示。

（13）打开"选择图像源文件"对话框，在其中选择提供的"pic.jpg"图像文件，单击"确定"按钮，如图 4-84 所示。

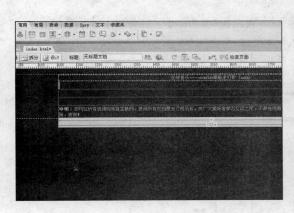

图 4-83　单击按钮

图 4-84　选择图像文件

（14）打开"图像标签辅助功能属性"对话框，直接单击"确定"按钮，如图 4-85 所示。

（15）此时将在文本插入点所在的单元格中插入选择的图像文件，如图 4-86 所示。

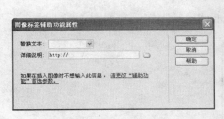

图 4-85　"图像标签辅助功能属性"对话框

图 4-86　插入的图像文件

操作二　添加背景音乐

（1）选择【插入记录】→【标签】菜单命令，如图 4-87 所示。

（2）打开"标签选择器"对话框，单击左侧列表框中"HTML 标签"左侧的"展开"按钮，如图 4-88 所示。

图 4-87　选择"标签"命令

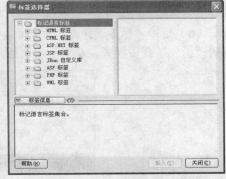

图 4-88　"标签选择器"对话框

（3）继续单击展开的目录中"页元素"选项左侧的"展开"按钮田，然后在右侧的列表框中选择"bgsound"选项，单击"插入"按钮，如图 4-89 所示。

（4）打开"标签编辑器-bgsound"对话框，单击"浏览"按钮，如图 4-90 所示。

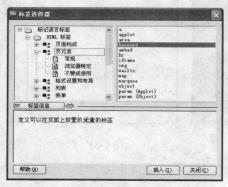

图 4-89 选择标签　　　　　　　　　　图 4-90 单击"浏览"按钮

（5）打开"选择文件"对话框，在其中选择提供的"bg.mp3"音乐文件，单击"确定"按钮，如图 4-91 所示。

（6）返回"标签编辑器-bgsound"对话框，单击"确定"按钮，如图 4-92 所示。

图 4-91 选择音乐文件　　　　　　　　　图 4-92 确定设置

（6）返回"标签选择器"对话框，单击"关闭"按钮，此时 Dreamweaver 将自动切换到"拆分"视图模式，从中可看到插入的背景音乐代码，如图 4-93 所示。

图 4-93 完成背景音乐的添加

操作三 嵌入页面音乐

（1）将文本插入点定位到第 3 行单元格中，单击插入栏中"常用"选项卡的"媒体"按钮右侧的下拉按钮，在弹出的下拉菜单中选择"插件"命令，如图 4-94 所示。

（2）打开"选择文件"对话框，在其中选择提供的"safe.mp3"音乐文件，单击"确定"按钮，如图 4-95 所示。

图 4-94 选择"插件"命令

图 4-95 选择文件

（3）此时将在文本插入点所在的单元格中插入如图 4-96 所示的标识为插件的图标。

（4）保持音乐插件的选中状态，在属性检查器中将其宽度和高度分别设置为"800"和"40"，如图 4-97 所示。

图 4-96 插入的音乐插件

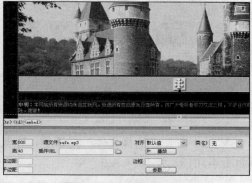

图 4-97 调整插件的大小

提示 若在插入素材或添加文本后发现表格的各行之间间距过紧，可将文本插入点定位到某行单元格中，并在属性检查器中调整其行高来解决间距过紧的问题。

（5）继续保持音乐插件的选中状态，在属性检查器的"对齐"下拉列表框中选择"居中"选项，调整插件的对齐方式，如图 4-98 所示。

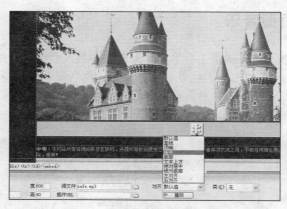

图 4-98　设置插件的对齐方式

操作四　添加音乐链接

（1）在倒数第 2 行单元格中输入如图 4-99 所示的文本，并将其大小设置为 "12"、颜色设置为 "白色"。

（2）选择输入的文本，单击属性检查器中 "链接" 文本框右侧的 "浏览文件" 按钮 ，如图 4-100 所示。

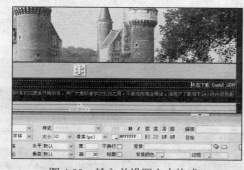

图 4-99　输入并设置文本格式

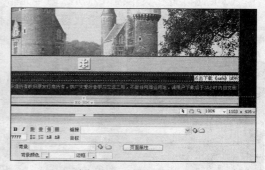

图 4-100　单击按钮

（3）打开 "选择文件" 对话框，在其中选择 "safe.mp3" 文件，单击 "确定" 按钮，如图 4-101 所示。

图 4-101　选择链接文件

（4）此时选择的文本颜色将变为蓝色显示，如图 4-102 所示。

（5）保存设置的网页后按"F12"键预览，此时打开网页后便将自动播放背景音乐和嵌入页面的音乐，如图 4-103 所示。

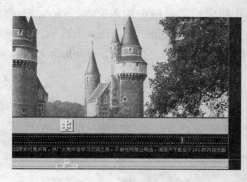

图 4-102　建立音乐链接

图 4-103　预览效果

（6）单击建立了音乐链接的文本，如图 4-104 所示。

（7）此时将打开"另存为"对话框，通过设置文件的保存位置和名称后，单击"保存"按钮即可将链接的音乐文件下载到电脑中，如图 4-105 所示。

图 4-104　单击音乐链接

图 4-105　保存链接的对象

◆ **学习与探究**

本任务主要练习了在网页中添加背景音乐、嵌入页面音乐，以及添加音乐链接等操作。其中背景音乐是大多数设计者愿意在网页制作时采用的设计手段之一。网页支持的音频文件格式主要有 MP3、MID、WAV、WMA 和 RM 等，但这些文件要正常播放，还需要客户端（网页访问者的电脑）对其提供支持，若客户端没有安装播放 RM 格式文件的 RealPlayer软件，则在网页中插入的 RM 格式的声音文件将无法被正常播放。这与前面提到的插入视频格式的文件需要客户端安装视频播放器的道理是一样的。

实训一　制作"车友之家"网页

◆ 实训目标

本实训要求通过为新建的网页创建表格，并在相应的单元格中输入文本、插入 Flash 动画、插入 Flash 按钮、插入图片以及插入 Flash 文本等对象，制作出如图 4-106 所示的网页效果。通过本实训主要巩固表格的使用、文本和图像的添加，并重点练习 Flash 动画、Flash 按钮和 Flash 文本的插入和设置方法。

> **素材位置：** 模块四\素材\cheyouzhijia\pic.jpg、opening.swf、luntan.html…
> **效果图位置：** 模块四\源文件\cheyouzhijia\index.html、pic.jpg、opening.swf、luntan.html…

图 4-106　"车友之家"网页效果

◆ 实训分析

本实训的制作思路如图 4-107 所示，具体分析及思路如下。

（1）新建空白网页，将其背景颜色设置为"#999999"。

（2）插入 5 行 1 列的表格，并设置表格边框为"1"，颜色为"#000000"。然后将第 4 行单元格拆分为两个单元格。

（3）在第 1 行和最后一行单元格中分别输入标题文本和版权文本，并按电子资料包中的效果设置文本格式。

（4）在第 2 行单元格中插入提供的"opening.swf"Flash 动画文件，宽度与高度设置为"720"和"100"，并利用参数将其背景设置为透明。

（5）在第 3 行单元格中分别插入 4 个 Flash 按钮，要求样式为"Blip Arrow"，字体为"楷体"，大小为"12"号，并分别设置这些按钮的链接目标文件（具体可参见提供的效果文件）。最后利用参数设置背景为透明。

（6）在第 4 行左侧的单元格中插入提供的"pic01.jpg"图片文件，设置其宽度和高度分别为"303"和"203"。

（7）在第 4 行右侧的单元格中输入文本，并在分段后插入 Flash 文本，要求字体为"楷体"、大小为"14"、颜色为"蓝色（#0000FF）"、转滚颜色为"红色（#FF0000）"。接着设置其链接目标文件，最后利用参数设置其背景为透明。

（8）保存设置的网页并预览效果。

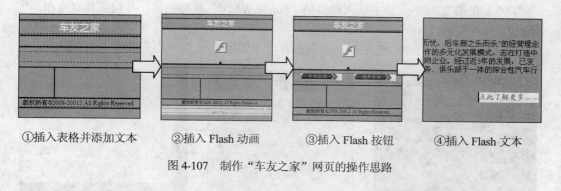

①插入表格并添加文本　　②插入 Flash 动画　　③插入 Flash 按钮　　④插入 Flash 文本

图 4-107　制作"车友之家"网页的操作思路

实训二　制作"在线影院"网页

◆ **实训目标**

本实训要求在提供的网页中输入文本和插入视频插件，制作出如图 4-108 所示的网页效果。通过本实训主要巩固表格的使用以及视频插件的插入方法。

素材位置： 模块四\素材\movie\index.html、panda.WMV
效果图位置： 模块四\源文件\movie\index.html、panda.WMV

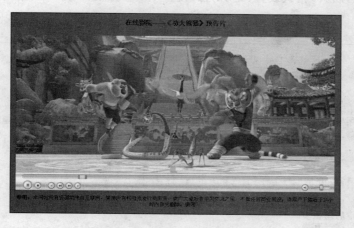

图 4-108　"在线影院"网页效果

◆ **实训分析**

本实训的制作思路如图 4-109 所示，具体分析及思路如下。

（1）打开提供的"index.html"网页文件，将其背景颜色设置为"#006633"。

（2）在已插入的表格的第 1 行单元格中输入标题文本，设置其字号大小为"16"，并加粗显示。

（3）在第 2 行单元格中插入提供的"panda.WMV"视频插件，并设置其宽度和高度分别为"800"和"400"。

（4）在最后一行单元格中输入申明内容，并加粗显示"申明："文本。

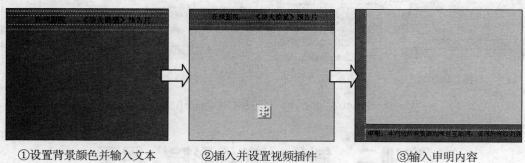

①设置背景颜色并输入文本　　②插入并设置视频插件　　③输入申明内容

图 4-109　制作"在线影院"网页的操作思路

实践与提高

练习 1　为网页添加 Flash 按钮和 Flash 文本

本练习将在提供的网页中插入一个 Flash 按钮和 Flash 文本，其中将涉及 Flash 按钮和 Flash 文本的插入、格式设置、对齐方式设置以及参数设置等操作，最终效果如图 4-110 所示。

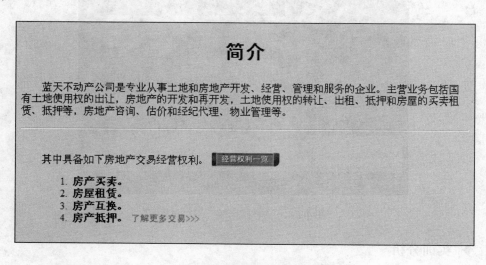

图 4-110　网页的最终效果

素材位置：模块四\素材\estate\index.html、jingying.html、more.html…

效果图位置：模块四\源文件\estate\index.html、jingying.html、more.html…

练习 2　为网页添加 Flash 动画

本练习将在提供的网页中插入两个相同的 Flash 动画，最终效果如图 4-111 所示。

素材位置：模块四\素材\rose\index.html、star.swf…

效果图位置：模块四\源文件\rose\index.html、star.swf…

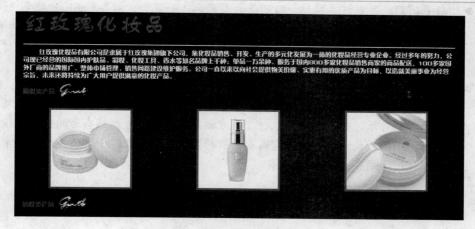

图 4-111　网页的最终效果

练习 3　为网页添加背景音乐

本练习将在提供的网页中插入一段背景音乐，最终效果如图 4-112 所示。

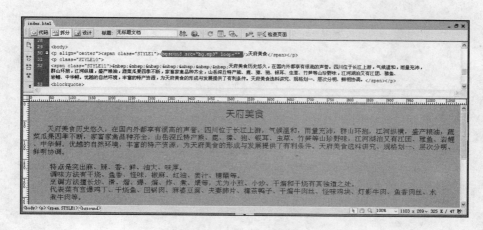

图 4-112　网页的最终效果

素材位置： 模块四\素材\food\index.html、bg.mp3…
效果图位置： 模块四\源文件\food\index.html、bg.mp3…

练习 4　动态素材的使用探讨

随着网络应用环境的不断改善，越来越多的动态素材（也称多媒体元素）被应用到各种网页当中，其中以 Flash 动画、音乐和视频等素材的使用最为广泛，它们不仅提高了网站的视听效果，而且使浏览者能获得更多的信息。如何更加合理地使用这些动态素材便是目前网页制作者更为关心的问题。下面就这个问题做出如下探讨：

● 数量问题：目前许多网站，特别是大型网站，一旦登录后各种 Flash 动画、视频、Shockwave 影片等对象就漫天飞舞，对于浏览者来讲不得不说是一件头痛的事情。当在设计网站时，一定要计划好这些动态素材的使用数量，过多的动态素材不仅不能提高网页的观赏水平，反而会使浏览者感觉厌烦。

● 版权问题：许多动态素材的版权问题是设计者比较关心的问题之一，对于 Flash 素材来讲，最安全的使用方法就是自行制作 Flash 动画、按钮、文本和视频；而对于其他音乐、视频等动态素材，一方面要严格按照素材拥有者的使用建议进行使用，一方面最好不能用在有商业性质的网页中。总之，一定要重点关注素材的版权使用问题。

模块五

为网页添加超级链接

超级链接和文本、图片等元素一样，也是网页的主体，是连接网页和其他资源的桥梁，在本书前面学习过的知识中，如创建热点区域、为 Flash 素材指定链接对象等都是超级链接的应用。本模块将更加全面和系统地对超级链接的应用进行介绍，包括文本超级链接、图像超级链接、电子邮件超级链接和锚记链接的创建和使用等。

学习目标

- 📖 掌握文本超级链接和图像超级链接的创建与设置方法
- 📖 熟悉电子邮件超级链接的创建方法
- 📖 熟悉并掌握创建和命名锚记的操作

任务一　为"公司介绍"网页创建超级链接

◆ 任务目标

本任务的目标是在"公司介绍"网页中输入文本，并创建文本超级链接、图像超级链接和电子邮件超级链接，完成后的最终效果如图 5-1 所示。通过练习掌握这些常用超级链接的创建和使用方法。

图 5-1　为"公司介绍"网页创建超级链接后的效果

素材位置：模块五\素材\company\index.html、training.html、user.html、product.html⋯
效果图位置：模块五\源文件\company\index.html、training.html、user.html⋯

本任务的具体目标要求如下：
（1）输入需创建超级链接的文本。
（2）为输入的文本创建文本超级链接和电子邮件超级链接。
（3）插入图像并创建图像超级链接。

◆ 操作思路

本任务的操作思路如图 5-2 所示，涉及的知识点有表格的使用、文本和图像的添加与设置、文本超级链接的创建、图像超级链接的创建及电子邮件超级链接的创建等。具体思路及要求如下：
（1）在提供的"index.html"网页中输入文本并进行适当设置。
（2）为输入的文本创建文本超级链接和电子邮件超级链接。
（3）插入图像并为图像创建超级链接。

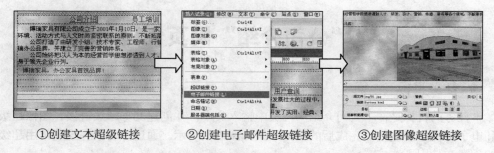

①创建文本超级链接　　②创建电子邮件超级链接　　③创建图像超级链接

图 5-2　为"公司介绍"网页创建超级链接的操作思路

操作一　创建和设置文本超级链接

（1）打开电子资料包中提供的"index.html"网页素材，将文本插入点定位到正文所在的单元格，单击鼠标右键，在弹出的快捷菜单中选择【表格】→【插入行】菜单命令，如图 5-3 所示。

图 5-3　插入行

（2）在插入的空行中单击鼠标右键，在弹出的快捷菜单中选择【对齐】→【居中对齐】菜单命令，如图 5-4 所示。

（3）输入文本"公司介绍"，如图 5-5 所示。

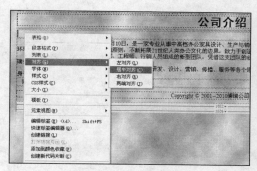

图 5-4　设置对齐方式

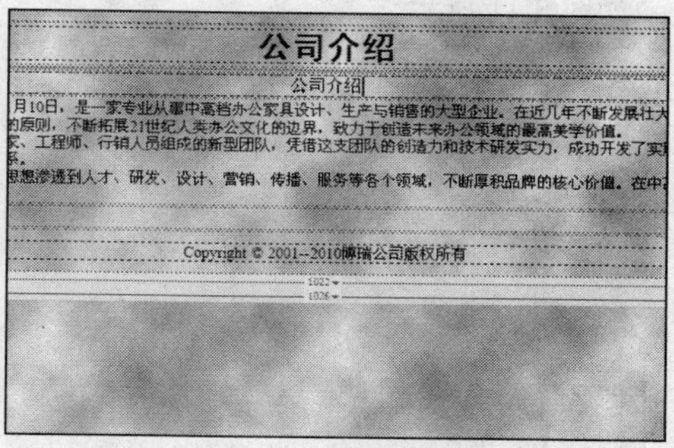

图 5-5　输入文本

（4）插入 20 个不换行空格，然后输入"员工培训"文本，如图 5-6 所示。

（5）按照相同的方法输入其余文本，如图 5-7 所示。

图 5-6　输入文本

图 5-7　输入其余文本

（6）拖动鼠标选择前面输入的"公司介绍"文本，单击属性检查器中"链接"文本框右侧的"浏览文件"按钮，如图 5-8 所示。

（7）打开"选择文件"对话框，在其中选择电子资料包提供的"index.html"文件，单击"确定"按钮，如图 5-9 所示。

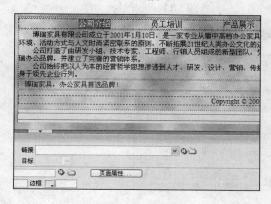

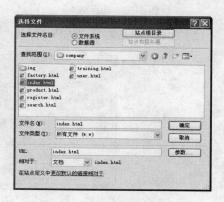

图 5-8　选择文本

图 5-9　选择链接文件

（8）此时所选文本的属性检查器的"链接"文本框中将出现相应的链接对象名称，如图5-10所示。

（9）取消文本的选中状态，此时创建了超级链接后的文本格式将变为蓝色加下画线的形式，如图5-11所示。

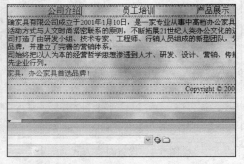

图 5-10　链接后的文本　　　　　　　　　图 5-11　创建超级链接后的文本格式

（10）选择"员工培训"文本，单击属性检查器中"链接"文本框右侧的"浏览文件"按钮，如图5-12所示。

（11）打开"选择文件"对话框，在其中选择电子资料包提供的"training.html"文件，单击"确定"按钮，如图5-13所示。

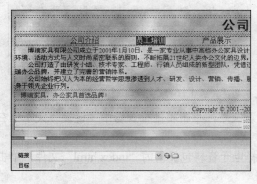

图 5-12　选择文本　　　　　　　　　　　图 5-13　选择链接文件

（12）此时所选文本格式也将自动变为创建了超级链接后的格式，如图5-14所示。

图 5-14　创建超级链接后的文本格式

（13）使用相同的方法将"产品展示"文本链接到"product.html"文件，如图 5-15 所示。

（14）将"注册会员"文本链接到"register.html"文件，如图 5-16 所示。

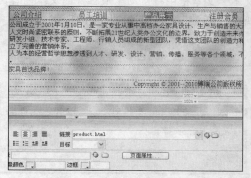

图 5-15 创建文本超级链接   图 5-16 创建文本超级链接

（15）将"搜索产品"文本链接到"search.html"文件，如图 5-17 所示。

（16）将"用户查询"文本链接到"user.html"文件，如图 5-18 所示。

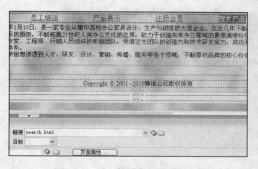 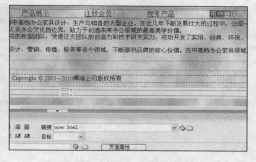

图 5-17 创建文本超级链接   图 5-18 创建文本超级链接

操作二 创建电子邮件超级链接

（1）在"用户查询"文本后插入 20 个不换行空格，并输入文本"联系我们"，如图 5-19 所示。

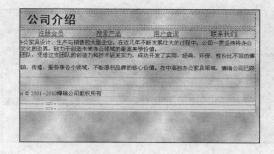

图 5-19 输入文本

（2）选择文本"联系我们"，然后选择【插入记录】→【电子邮件链接】菜单命令（也可单击插入栏中"常用"选项卡下的"电子邮件链接"按钮），如图 5-20 所示。

（3）打开"电子邮件链接"对话框，在"文本"文本框中将自动生成选择的文本内容，在"E-Mail"文本框中输入电子邮箱地址，然后单击"确定"按钮，如图 5-21 所示。

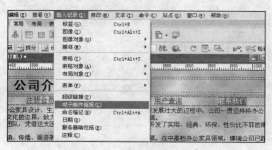

图 5-20　创建电子邮件链接

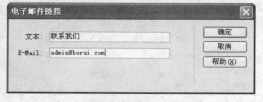

图 5-21　输入电子邮箱地址

（4）此时在创建了电子邮件链接文本的属性检查器的"链接"文本框中将出现"mailto:+电子邮箱地址"的内容，表示创建的超级链接为电子邮件链接，如图 5-22 所示。

图 5-22　创建的电子邮件链接

操作三　插入图像并创建图像超级链接

（1）在版权信息所在行中单击鼠标右键，在弹出的快捷菜单中选择【表格】→【插入行】菜单命令，如图 5-23 所示。

图 5-23　插入行

（2）在插入的空行中单击鼠标右键，在弹出的快捷菜单中选择【对齐】→【居中对齐】菜单命令，如图 5-24 所示。

（3）单击插入栏的"常用"选项卡下的"图像"按钮█，打开"选择图像源文件"对话框，在其中选择 "01.jpg" 文件，单击"确定"按钮，如图 5-25 所示。

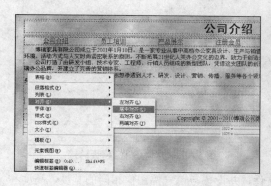

图 5-24 设置对齐方式　　　　　　　　　　　　图 5-25 选择图像文件

（4）打开"图像标签辅助功能属性"对话框，直接单击"确定"按钮，如图 5-26 所示。

（5）选择插入的图像，将其宽度、高度和水平边距分别设置为 "300"、"200" 和 "20"，如图 5-27 所示。

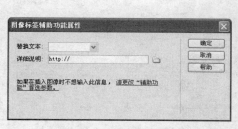

图 5-26 设置辅助信息　　　　　　　　　　　图 5-27 设置图像尺寸和边距

（6）保持图像的选中状态，单击属性检查器中"链接"文本框右侧的"浏览文件"按钮█，如图 5-28 所示。

图 5-28 创建图像超级链接

（7）打开"选择文件"对话框，在其中选择"factory.html"文件，单击"确定"按钮，如图5-29所示。

（8）此时属性检查器中将显示所选图像链接的文件名称，如图5-30所示。

图5-29　选择链接文件

图5-30　创建的图像超级链接

（9）使用相同的方法插入"02.jpg"图像文件，并设置与前一幅图像相同的宽度、高度和水平间距，然后单击属性检查器中"链接"文本框右侧的"浏览文件"按钮，如图5-31所示。

（10）打开"选择文件"对话框，在其中选择"factory.html"文件，单击"确定"按钮，如图5-32所示。

图5-31　插入并设置图像

图5-32　选择链接文件

（11）使用相同的方法插入"03.jpg"图像，并设置相同的宽度、高度和水平间距，然后单击属性检查器中"链接"文本框右侧的"浏览文件"按钮，如图5-33所示。

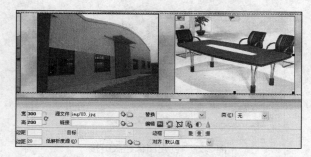

图5-33　插入并设置图像

（12）打开"选择文件"对话框，在其中选择"product.html"文件，单击"确定"按钮，如图 5-34 所示。

（13）此时属性检查器中将显示所选图像链接的文件名称，如图 5-35 所示。

图 5-34　选择链接文件　　　　　图 5-35　创建的图像超级链接

（14）保存设置后，按"F12"键预览，将鼠标指针移至设置的文本超级链接上时指针将变为"手"形，如图 5-36 所示，单击鼠标即可跳转到链接的文件。

（15）将鼠标指针移至创建了电子邮件链接的文本上并单击鼠标，如图 5-37 所示。

图 5-36　单击文本超级链接　　　　　图 5-37　单击电子邮件链接

（16）此时将启动系统中的电子邮件功能以便撰写并向链接的电子邮箱发送电子邮件，如图 5-38 所示。

（17）将鼠标指针移至设置了图像超级链接的图像上时指针也将变为"手"形，如图 5-39 所示，单击鼠标也可跳转到链接的文件。

图 5-38　启动电子邮件程序　　　　　图 5-39　单击图像超级链接

◆ 学习与探究

本任务主要练习了为网页中的文本和图像创建文本超级链接、电子邮件超级链接及图像超级链接的方法。为了能更加熟练地掌握超级链接的应用，下面将进一步对网页中的超级链接进行学习与探究。

超级链接一般由源端点和目标端点两部分组成，有超级链接的一端称为超级链接的源端点（即鼠标指针移至其上时形状变为 🖑 状态的一端）。提供链接资源的一端称为目标端点，也称为"URL"（全称是 Uniform Resource Locator），它定义了一种统一的网络资源的寻找方法。所有网络上的资源均可以通过这种方法访问。

"URL"的基本格式是："访问方案：//服务器：端口/路径/文件#锚记"，例如"http://tb.sina.com:80/view/263.htm#14"，下面分别介绍各个组成部分的含义。

- 访问方案：用于访问资源的 URL 方案，是在客户端程序和服务器之间进行通信的协议，引用 Web 服务器的方案是超文本传输协议（HTTP）。除此之外，常见的协议还有文件传输协议（FTP）和邮件传输协议（SMTP）等。
- 服务器：提供资源的主机地址，可以是 IP 地址或域名，如"tb.sina.com"。
- 端口：服务器提供该资源服务的端口，一般使用默认端口，可省略。当服务器提供该资源服务的端口不是默认端口时，一定要加上端口才能访问。HTTP 服务的默认端口是"80"，如上述地址也等于"http://tb.sina.com/view/263.htm#14"。
- 路径：资源在服务器上的位置，如"view"说明需访问的资源在该服务器根目录下的"view"文件夹中。
- 文件：具体访问的资源名称，如上述地址访问的对象就是"263.htm"。
- 锚记：HTML 文档中的命名锚记，主要用于对网页的不同位置进行标记，是可选内容，如上述地址中的锚记"14"，当网页打开时，窗口将直接显示锚记所在位置的内容，而不是网页的最顶端。

任务二　为"红玫瑰化妆品"网页创建超级链接

◆ 任务目标

本任务的目标是在"红玫瑰化妆品"网页中插入 Logo 图像并创建图像超级链接，然后输入文本并命名和创建锚记链接，最后对超级链接格式进行设置。完成后的最终效果如图 5-40 所示。通过练习重点掌握锚记的命名与创建方法，以及超级链接格式的设置方法。

素材位置：模块五\素材\rose\index.html、other.html、us.html、introduction.html…
效果图位置：模块五\源文件\rose\index.html、other.html、us.html、introduction.html…

本任务的具体目标要求如下：

（1）插入 Logo 图像并创建图像超级链接。

（2）输入导航文本并创建文本超级链接。

（3）命名锚记并为导航文本创建锚记链接。

（4）输入其他文本并创建锚记链接。

（5）设置超级链接的显示格式。

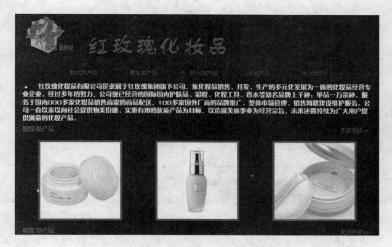

图 5-40　"红玫瑰化妆品"网页的效果

◆　**操作思路**

本任务的操作思路如图 5-41 所示，涉及的知识点有文本超级链接、图像超级链接的创建、锚记的命名与创建，以及文本超级链接和图像超级链接格式的设置等。具体思路及要求如下：

（1）在提供的"index.html"网页中插入图像并创建图像超级链接。

（2）输入导航文本并为其中的部分文本创建文本超级链接。

（3）在网页适当位置进行锚记命名操作。

（4）为导航文本创建锚记链接。

（5）输入"返回顶部>>"文本并命名锚记，以方便浏览者浏览网页。

（6）对创建了超级链接的图像和文本的显示格式进行适当设置。

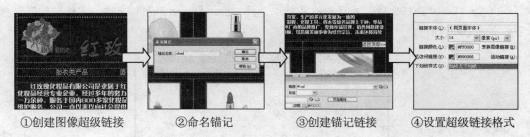

①创建图像超级链接　　②命名锚记　　③创建锚记链接　　④设置超级链接格式

图 5-41　为"红玫瑰化妆品"网页创建超级链接的操作思路

操作一　创建文本和图像超级链接

（1）打开电子资料包提供的"index.html"网页文件，将文本插入点定位在标题文本左侧，单击插入栏的"常用"选项卡下的"图像"按钮，如图 5-42 所示。

（2）打开"选择图像源文件"对话框，在其中选择提供的"pic.png"图像文件，单击"确定"按钮，如图 5-43 所示。

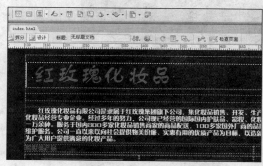

图 5-42　插入图像

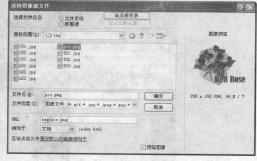

图 5-43　选择图像文件

（3）打开"图像标签辅助功能属性"对话框，单击"确定"按钮，如图 5-44 所示。

（4）选择插入的图像，在属性检查器中将其宽度和高度分别设置为"129"和"96"，然后单击属性检查器中"链接"文本框右侧的"浏览文件"按钮，如图 5-45 所示。

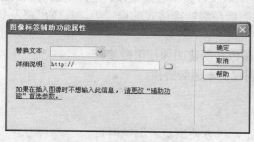

图 5-44　设置辅助信息

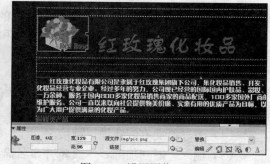

图 5-45　设置图像尺寸

（5）打开"选择文件"对话框，在其中选择"introduction.html"文件，单击"确定"按钮，如图 5-46 所示。

图 5-46　选择链接文件

（6）为插入的图像创建了超级链接后，在标题文本下的空行中输入导航文本（各文本之间需插入若干不换行空格），然后将文本颜色设置为白色，如图 5-47 所示。

（7）选择文本"其他产品"，单击属性检查器中"链接"文本框右侧的"浏览文件"按钮 📁，如图 5-48 所示。

图 5-47　输入导航文本

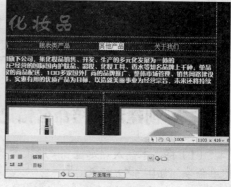

图 5-48　选择文本

（8）打开"选择文件"对话框，在其中选择"other.html"文件，单击"确定"按钮，如图 5-49 所示。

（9）选择"关于我们"文本，单击属性检查器中"链接"文本框右侧的"浏览文件"按钮 📁，如图 5-50 所示。

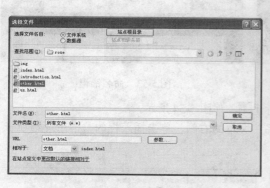

图 5-49　选择链接文件

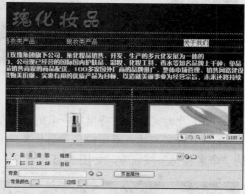

图 5-50　选择文本

（10）打开"选择文件"对话框，在其中选择"us.html"文件，单击"确定"按钮完成文本超级链接的创建，如图 5-51 所示。

 提示 为对象创建了超级链接后，若需要设置打开方式，可按前面章节中设置的方法在属性检查器的"目标"下拉列表框中进行设置，Dreamweaver 默认的打开方式为"_self"。

113

图 5-51　选择链接文件

操作二　创建和链接命名锚记

（1）将文本插入点定位到"脸妆类产品"文本的右侧，选择【插入记录】→【命名锚记】菜单命令，如图 5-52 所示。

（2）打开"命名锚记"对话框，在"锚记名称"文本框中输入"lian"，单击"确定"按钮，如图 5-53 所示。

图 5-52　选择命令

图 5-53　命名锚记

（3）此时文本旁边将出现命名的锚记标记，如图 5-54 所示。

（4）将文本插入点定位在"唇妆类产品"文本的右侧，单击插入栏的"常用"选项卡下的"命名锚记"按钮，如图 5-55 所示。

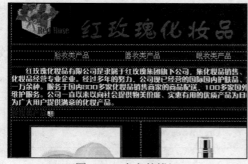

图 5-54　命名的锚记

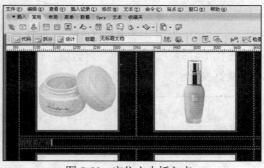

图 5-55　定位文本插入点

114

（5）打开"命名锚记"对话框，在"锚记名称"文本框中输入"chun"，单击"确定"按钮，如图 5-56 所示。

（6）使用相同的方法在"眼妆类产品"文本右侧创建名称为"yan"的锚记，如图 5-57 所示。

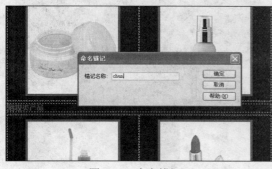

图 5-56　命名锚记　　　　　　　　　　　　　　图 5-57　命名锚记

（7）在标题文本右侧创建名称为"top"的锚记，如图 5-58 所示。

（8）选择导航文本"脸妆类产品"，在其属性检查器的"链接"文本框中输入"#lian"，如图 5-59 所示。其中"#"代表锚记标记，"lian"为锚记名称。

图 5-58　命名锚记　　　　　　　　　　　　　　图 5-59　创建锚记链接

（9）选择导航文本"唇妆类产品"，在其属性检查器的"链接"文本框中输入"#chun"，如图 5-60 所示。

图 5-60　创建锚记链接

115

（10）选择导航文本"眼妆类产品"，在其属性检查器的"链接"文本框中输入"#yan"，如图 5-61 所示。

（11）在如图 5-62 所示的单元格中输入"返回顶部>>"，并设置其颜色为白色。

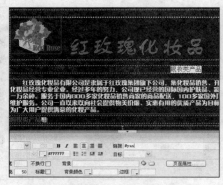
图 5-61　命名锚记

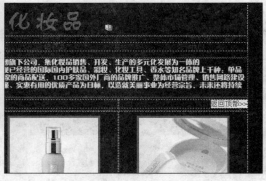
图 5-62　输入文本

（12）为输入的文本创建目标为"#top"的锚记链接，如图 5-63 所示。

（13）将该文本复制到如图 5-64 所示的两个空白单元格中，完成锚记的命名和创建操作。

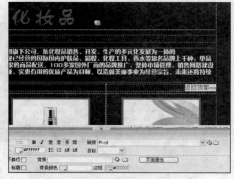
图 5-63　创建锚记链接

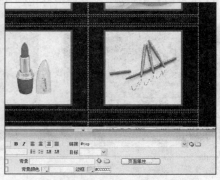
图 5-64　复制文本

操作三　设置超级链接格式

（1）选择【修改】→【页面属性】菜单命令，如图 5-65 所示。

图 5-65　选择"页面属性"命令

（2）打开"页面属性"对话框，在"分类"列表框中选择"链接"选项，在右侧的"大

116

小"下拉列表框中输入"14",如图 5-66 所示。

（3）将链接颜色和已访问颜色分别设置为"#FF0000"和"#990066",如图 5-67 所示。

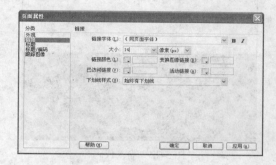

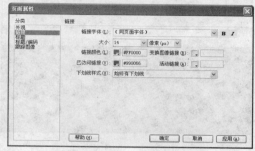

图 5-66　设置链接字体的大小　　　　　图 5-67　设置链接和已访问链接的颜色

（4）将变换图像链接的颜色设置为"#FF9900",并在"下划线样式"下拉列表框中选择"始终无下划线",单击"确定"按钮,如图 5-68 所示。

（5）关闭对话框后可看到网页中创建了超级链接的文本格式发生了相应的变化,如图 5-69 所示。

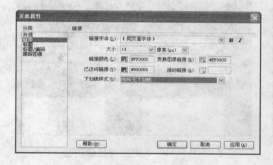

图 5-68　设置其他链接样式　　　　　　　图 5-69　设置后的效果

（6）选择标题文本左侧的 Logo 图像,单击文档工具栏中的 拆分 按钮,如图 5-70 所示。

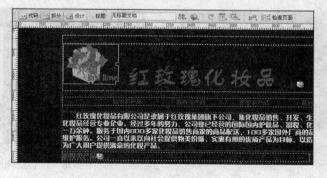

图 5-70　选择图像

（7）此时代码视图中将选中图像对应的代码,如图 5-71 所示。

（8）在代码"height="96""后面输入"border="0"",表示将图像边框清除,如图 5-72 所示。

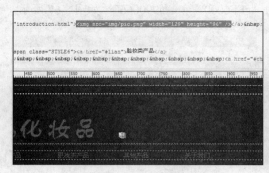 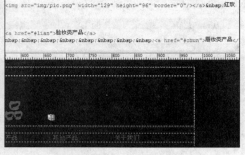

图 5-71　显示代码　　　　　　　　　　　图 5-72　输入代码

（9）单击文档工具栏中的 设计 按钮，此时 Logo 图像的边框即可消失，如图 5-73 所示。

（10）保存设置后的网页，然后按 "F12" 键预览。单击 Logo 图像即可调整到链接的网页文件中，如图 5-74 所示。

图 5-73　清除图像边框　　　　　　　　　图 5-74　单击图像超级链接

（11）单击设置了锚记链接的 "唇妆类产品" 文本，如图 5-75 所示。

（12）此时网页将跳转到命名了相同锚记名称的位置，如图 5-76 所示。

 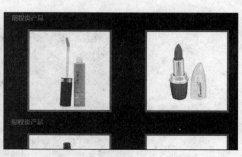

图 5-75　单击超级链接　　　　　　　　　图 5-76　跳转到相应的位置

（13）单击 "返回顶部>>" 超级链接，如图 5-77 所示。

（14）此时将快速返回到网页顶部，如图 5-78 所示。

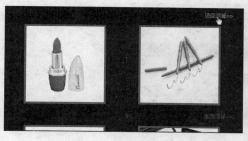
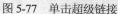
图 5-77 单击超级链接

图 5-78 返回网页顶部效果

◆ 学习与探究

　　本任务综合练习了在网页中创建文本超级链接、图像超级链接，创建并命名锚记，以及设置超级链接格式等操作。下面再详细对链接的一些概念性名称进行介绍，包括相对链接、绝对链接、文件链接和空链接等，以便更好地认识并使用超级链接。

● 相对链接：在页面制作中最为常见，它只能链接网站内部的页面或资源，是链接目标相对于创建链接的页面的路径，如"about.html"，表明页面"about.html"和链接所在的页面处于同一个文件夹下，又如"img/logo.gif"，说明图片"logo.gif"在创建链接的页面所处文件夹下的"img"文件夹中，以此类推，以斜线"/"分隔文件夹表示路径。

● 绝对链接：是严格的寻址标准，即前面所讲的 URL，包含了通信方案、服务器地址和服务端口等。绝对链接也可以包含相对链接的部分，但如果创建链接的页面不在同一网站内，则必须使用绝对链接才能访问。

● 文件链接：即互联网上的各种资源，如音频、视频、应用软件和小说等，下载这些文件就是通过文件链接来实现的。

● 空链接：在页面中为了实现一些自定义的功能或效果，常常在网页中添加脚本，如 JavaScript 和 VBScript，而其中许多功能是与访问者互动的，比较常见的是"设为首页"或"加入收藏"等，它们都需要通过空链接来实现。空链接并不能实现页面的跳转，而是提供调用脚本的按钮。当用户单击此类功能链接时，就可触发脚本运行，执行预定功能。

实训一　为"汽车销售"网页添加链接

◆ 实训目标

　　本实训要求在提供的"sale.html"网页中输入导航文本、插入图像并创建相应的文本超级链接、图像超级链接和电子邮件超级链接，制作出如图 5-79 所示的网页效果。通过本实训主要巩固文本超级链接、图像超级链接和电子邮件超级链接的创建方法。

素材位置：模块五\素材\car\sale.html、shouye.html、gainian.html、opening.swf…
效果图位置：模块五\源文件\car\sale.html、shouye.html、gainian.html、opening.swf…

图 5-79 "汽车销售"网页效果

◆ **实训分析**

本实训的制作思路如图 5-80 所示，具体分析及思路如下。

（1）打开电子资料包提供的"sale.html"网页，输入导航文本并为各文本创建超级链接，链接文件与文本同名。

（2）在右上角的单元格中输入"联系我们"，并为输入的文本创建电子邮件超级链接，链接的邮箱地址为"admin@carcar.com"。

（3）在下方的空白单元格中插入电子资料包提供的"pic01.jpg"图像，并为其创建图像超级链接，链接文件为"gainian.html"。

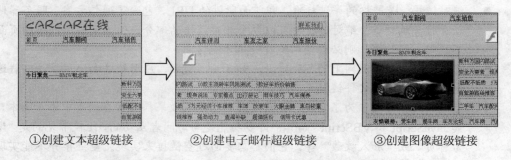

①创建文本超级链接　　　　②创建电子邮件超级链接　　　　③创建图像超级链接

图 5-80 为"汽车销售"网页创建超级链接的操作思路

实训二　为"车友之家"网页添加链接

◆ **实训目标**

本实训要求在提供的"home.html"网页中创建并命名锚记，制作出如图 5-81 所示的网页效果。通过本实训主要巩固文本超级链接的创建，并重点练习锚记的命名与创建方法。

素材位置：模块五\素材\car\home.html、shouye.html、gainian.html、opening.swf…

效果图位置：模块五\源文件\car\home.html、shouye.html、gainian.html、opening.swf…

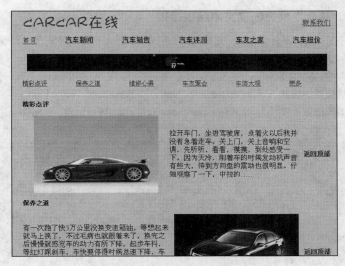

图 5-81　"车友之家"网页效果

◆ **实训分析**

本实训的制作思路如图 5-82 所示，具体分析及思路如下。

（1）打开电子资料包提供的"home.html"网页，输入导航文本。

（2）在标题文本右侧命名"top"锚记。

（3）在各栏目右侧命名相应的名称锚记（参见效果文件）。

（4）为输入的导航文本创建对应的锚记链接。

（5）在各栏目右侧输入"返回顶部"并创建"#top"锚记链接。

（6）为导航文本"更多"创建文本超级链接。

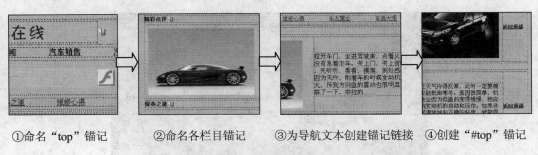

①命名"top"锚记　　②命名各栏目锚记　　③为导航文本创建锚记链接　　④创建"#top"锚记

图 5-82　为"车友之家"网页创建超级链接的操作思路

实践与提高

根据本模块所学内容，动手完成以下实践内容。

练习 1 为"简介"网页创建文本超级链接

本练习将在提供的网页中输入文本"点击查看更多经营细则",并为其创建链接到"jingying.html"文件的文本超级链接,最终效果如图 5-83 所示。

素材位置: 模块五\素材\estate\index.html、jingying.html、more.html
效果图位置: 模块五\源文件\estate\index.html、jingying.html、more.html

> # 简介
>
> 蓝天不动产公司是专业从事土地和房地产开发、经营、管理和服务的企业。主营业务包括国有土地使用权的出让,房地产的开发和再开发,土地使用权的转让、出租、抵押和房屋的买卖租赁、抵押等,房地产咨询、估价和经纪代理、物业管理等。
>
> 其中具备如下房地产交易经营权利。
>
> 1. **房产买卖。**
> 2. **房屋租赁。**
> 3. **房产互换。**
> 4. **房产抵押。**
>
> 点击查看更多经营细则

图 5-83 在"简介"网页中创建的文本超级链接

练习 2 为"在线音乐"网页创建图像超级链接

本练习将网页中的图像创建链接到"more.html"文件的图像超级链接,并通过输入代码"border='0'"取消图像的超级链接边框,最终效果如图 5-84 所示。

素材位置: 模块五\素材\music\index.html、more.html、pic.jpg、safe.mp3
效果图位置: 模块五\源文件\music\index.html、more.html、pic.jpg、safe.mp3

图 5-84 在"在线音乐"网页中创建的图像超级链接

练习 3 制作"笔记本计算机报价"网页

本练习将在网页中输入导航文本,然后进行锚记的命名与创建操作,接着为"联系我们"文本创建电子邮件超级链接,最后设置链接文本的颜色为"白色",最终效果如图 5-85

所示。

> **素材位置：** 模块五\素材\computer\index.html、"pic" 文件夹
> **效果图位置：** 模块五\源文件\computer\index.html、"pic" 文件夹

图 5-85　"笔记本计算机报价"网页

练习 4　合理使用超级链接丰富网页内容

本模块着重对网页中常用的各种超级链接的创建方法进行了详细介绍，包括文本超级链接、图像超级链接、电子邮件超级链接及锚链接等，并对链接格式的设置方法进行了介绍。下面补充说明一些超级链接的使用，以便更好地运用此对象来进行网页设计。

- 外部链接主要用于将网页中的文本或图像链接到该站点以外的其他站点目标，最典型的用途就是友情链接板块。在设计网页时可考虑利用这一板块来建立友情链接，以便更好地推广网站。
- 锚链接是一种比较适用的链接类型，它链接的既不是外部站点对象，也不是同一站点下的其他页面或文件，而是当前页面的不同位置。这在网页呈现较多内容时非常有用。需要注意的是，锚链接除了建立目标为访问位置的链接外，还应该考虑浏览者快速返回到某个位置，这时就需要建立如常见的"返回顶部"锚链接。
- 图片与其相应的介绍文本一般都应该分别创建超级链接，且指向同一目标文件，这样更能便于浏览者进行访问。

模 块 六

网页布局

网页设计的关键之一在于网页布局，好的布局不仅能体现设计者的奇思妙想，更能让浏览者眼前一亮，从而提高网页的访问量。Dreamweaver CS3 提供了多种网页布局的方法，其中以表格、CSS+Div、框架及模板为最常用的工具。本模块将通过 4 个任务分别讲解利用这些工具进行网页布局的方法。

学习目标

📖 掌握表格、布局表格和布局单元格的创建与编辑方法。
📖 掌握 CSS、AP Div 及 CSS+Div 的使用与设置操作。
📖 熟悉并掌握框架集及框架的创建和编辑操作。
📖 熟悉模板的创建、编辑及更新等操作。

任务一　使用表格布局"产品展示"页面

◆ 任务目标

本任务的目标是在"product.html"网页中利用表格、布局表格和布局单元格等工具制作出产品展示的页面效果，完成后的最终效果如图 6-1 所示。通过练习掌握表格的创建与编辑、布局表格和布局单元格的绘制与编辑等操作。

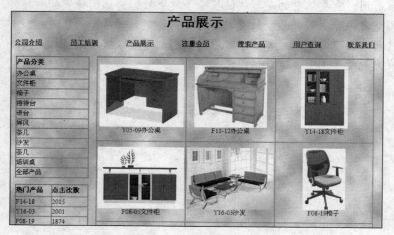

图 6-1　制作的"产品展示"网页效果

素材位置：模块六\素材\company\product.html、index.html、training.html、user.html…
效果图位置：模块六\源文件\company\product.html、index.html、training.html…

本任务的具体目标要求如下：

（1）掌握表格的创建、编辑及表格属性的各种设置方法。

（2）掌握嵌套表格的创建和使用方法。

（3）熟悉表格的排序方法。

（4）掌握在布局视图模式下使用布局表格和布局单元格进行网页布局的方法。

◆ 操作思路

本任务的操作思路如图 6-2 所示，涉及的知识点有布局表格的绘制与编辑、布局单元格的绘制与编辑、表格的创建与编辑、表格的排序和嵌套表格的创建与编辑等。具体思路及要求如下：

（1）在提供的"product.html"网页中绘制与设置布局表格和布局单元格。

（2）通过创建与编辑表格制作"产品分类"栏目。

（3）通过创建、编辑与排序表格制作"热门产品"栏目。

（4）通过创建与编辑嵌套表格制作"产品展示"栏目。

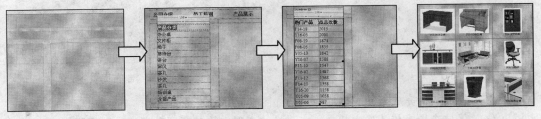

①绘制布局表格和单元格　②插入与编辑表格　③创建并排序表格　④创建嵌套表格

图 6-2　制作"产品展示"网页的操作思路

操作一　绘制布局表格和布局单元格

（1）打开电子资料包中提供的"product.html"网页素材，单击插入栏中的"布局"选项卡，如图 6-3 所示。

（2）选择【查看】→【表格模式】→【布局模式】菜单命令，或按"Alt+F6"组合键切换到布局模式，如图 6-4 所示。

提示　若要利用"布局"选项卡中的"布局表格"和"布局单元格"工具，必须将视图模式切换到布局模式。

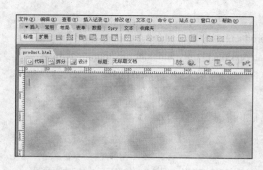

图 6-3　切换选项卡

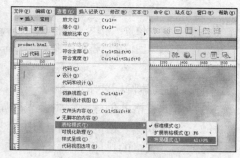

图 6-4　切换视图模式

（3）此时"布局"选项卡中的"布局表格"按钮▤和"布局单元格"按钮▤将被激活，单击"布局表格"按钮▤，如图 6-5 所示。

（4）将鼠标指针移至工作区，按住鼠标左键不放并拖动鼠标绘制布局表格，如图 6-6 所示。

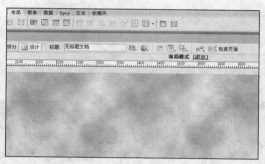

图 6-5　单击"布局表格"按钮

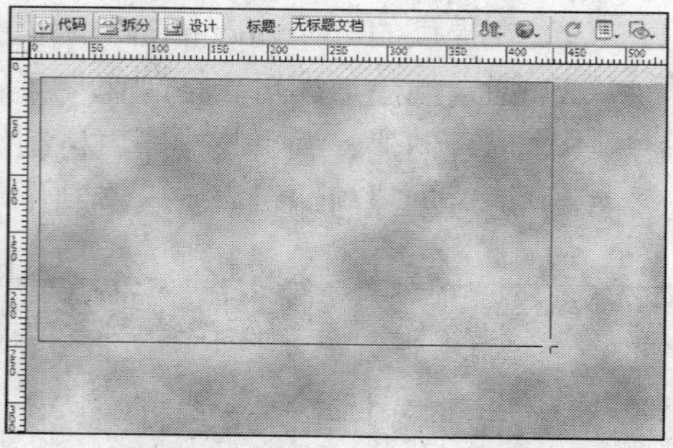

图 6-6　绘制布局表格

（5）释放鼠标完成布局表格的绘制，如图 6-7 所示。

（6）保持布局表格的选中状态，在属性检查器中将其宽度和高度分别设置为"800"和"709"，如图 6-8 所示。

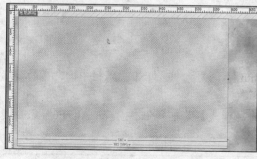

图 6-7　绘制的布局表格

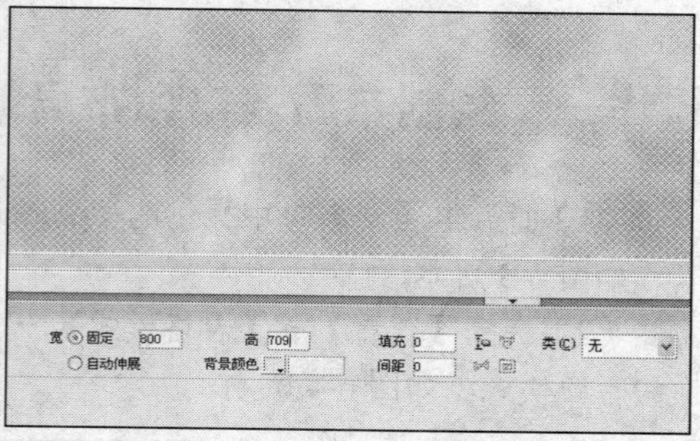

图 6-8　精确调整布局表格的尺寸

（7）单击"布局"选项卡中的"布局单元格"按钮▤，如图 6-9 所示。

（8）拖动鼠标绘制宽为"800"、高为"50"的布局单元格，如图 6-10 所示。

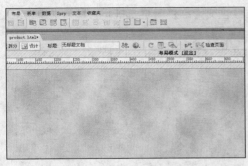
图6-9　单击"布局单元格"按钮

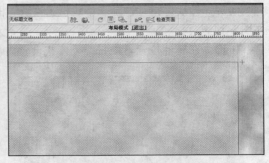
图6-10　绘制布局单元格

（9）释放鼠标完成布局单元格的绘制，如图6-11所示。

（10）使用相同的方法在已绘制的布局单元格下方再绘制一个宽为"800"、高为"30"的布局单元格，然后将鼠标指针移至绘制的布局单元格边框上，当边框变为红色时拖动鼠标调整单元格的位置，如图6-12所示。

图6-11　绘制的布局单元格

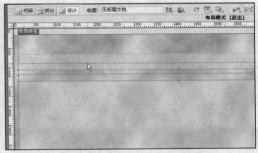
图6-12　调整布局单元格的位置

提示 在布局表格中只有绘制了布局单元格的区域才能进行内容编辑，而由Dreamweaver自动生成的用于匹配布局单元格的灰色单元格是不能进行内容编辑的。

（11）继续利用"布局单元格"按钮◫在布局表格中绘制其他布局单元格，并调整各单元格的大小，具体可参见电子资料包提供的效果文件"product.html"，然后单击工作区上方的"退出"超级链接，退出布局模式，如图6-13所示。

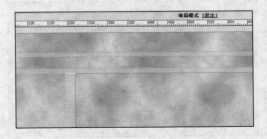
图6-13　绘制其他布局单元格

127

（12）将鼠标指针移至表格边框上，当边框颜色变为红色时单击鼠标，以选中整个表格，如图 6-14 所示。

（13）在属性检查器中将对齐方式设置为"居中对齐"，如图 6-15 所示。

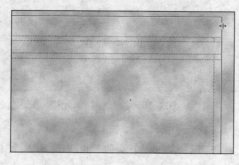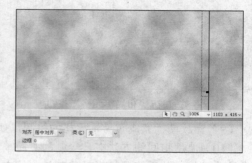

图 6-14　选中表格 　　　　　　图 6-15　设置表格的对齐方式

（14）在表格最上方的单元格中输入"产品展示"文本，并在属性检查器中将文本格式设置为"字体-黑体、大小-30、加粗"，水平和垂直方向的对齐方式均为"居中对齐"，如图 6-16 所示。

（15）在下一行单元格中输入导航文本，并按照本书前面介绍的创建超级链接的方法为各文本创建超级链接和电子邮件超级链接（具体的链接对象可参考效果文件），如图 6-17 所示。

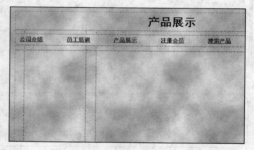

图 6-16　输入并设置标题 　　　　　　图 6-17　输入并链接导航文本

（16）在最后一行单元格中输入版权信息，并将文本大小设置为"14"，水平和垂直方向的对齐方式为"居中对齐"，如图 6-18 所示。

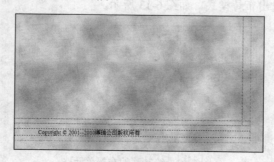

图 6-18　输入并设置版权信息

操作二　制作"产品分类"栏目

（1）将文本插入点定位到导航文本下方左侧的单元格中，单击"布局"选项卡中的"表格"按钮，打开"表格"对话框，设置行数为"12"、列数为"1"、表格宽度为"158"，并选择"页眉"栏中的"顶部"选项，然后单击"确定"按钮，如图6-19所示。

（2）利用键盘上的方向键或单击鼠标控制文本插入点，在创建的表格中依次输入如图6-20所示的文本。

图6-19　创建表格

图6-20　输入表格内容

（3）在"办公桌"文本左侧按住鼠标左键不放并向下拖动鼠标，选中鼠标经过的所有单元格，如图6-21所示。

（4）利用属性检查器将所选单元格的文本大小设置为"14"，单元格高度设置为"20"，如图6-22所示。

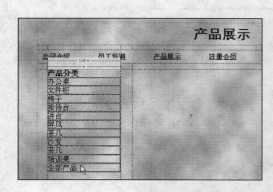

图6-21　选择单元格

图6-22　设置单元格格式

 技巧　在表格的某个单元格中单击鼠标右键，在弹出的快捷菜单中选择"表格"命令，此时可在弹出的子菜单中选择相应的命令来插入、删除、拆分或合并单元格。

（5）选择"产品分类"文本，将其大小设置为"14"，并将单元格高度设置为"25"，如

图 6-23 所示。

（6）单击所选表格上方的下拉按钮，在弹出的菜单中选择"选择表格"命令，如图 6-24 所示。

图 6-23　设置单元格格式　　　　　　　　图 6-24　选择"选择表格"命令

（7）在属性检查器的"边框"文本框中输入"1"，并将边框颜色设置为"#0099FF"，如图 6-25 所示。

图 6-25　设置表格边框粗细和颜色

操作三　制作"热门产品"栏目

（1）按照相同的方法在"产品分类"栏目下方的单元格中插入 14 行 2 列的表格，然后输入具体的文本内容，并调整文本大小和单元格高度，如图 6-26 所示。

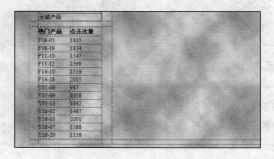

图 6-26　创建表格并输入内容

（2）将鼠标指针移至表格边框上，当边框颜色变为红色时单击鼠标，以选中整个表格，如图6-27所示。

（3）利用属性检查器将表格边框的粗细设置为"1"，颜色设置为"#0099FF"，如图6-28所示。

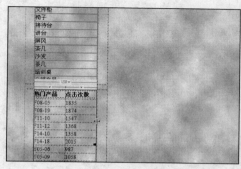
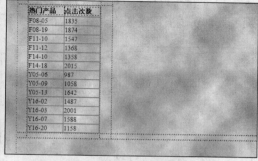

图6-27　选择表格　　　　　　　　　　图6-28　设置表格边框

（4）选择【命令】→【排序表格】菜单命令，如图6-29所示。

（5）打开"排序表格"对话框，在"排序按"下拉列表框中选择"列2"选项，在"顺序"下拉列表框中选择"按数字顺序"选项，在右侧的下拉列表框中选择"降序"选项，然后单击"确定"按钮，如图6-30所示。

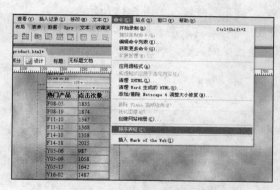
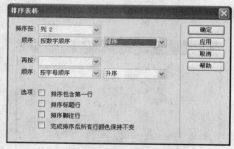

图6-29　选择"排序表格"命令　　　　图6-30　设置排序方式

（6）此时所选表格中的数据将按照设置进行排序，如图6-31所示。

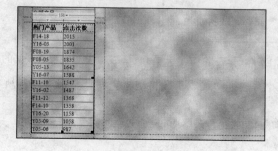

图6-31　表格排序的效果

操作四 制作"产品展示"栏目

（1）按"Alt+F6"组合键重新进入布局模式，单击"布局表格"按钮，在"产品分类"栏目右侧的布局单元格中重新绘制相同大小的布局嵌套表格，如图6-32所示。

（2）退出布局模式，在嵌套的布局表格中创建3行3列的表格，并通过拖动表格下方和右侧的控制点适当调整表格大小，如图6-33所示。

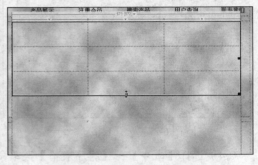

图 6-32 绘制嵌套的布局表格

图 6-33 创建并调整表格大小

（3）在新创建表格的第1个单元格中单击鼠标定位文本插入点，单击"布局"选项卡中的"表格"按钮，打开"表格"对话框，设置行数为"2"、列数为"1"、表格宽度为"190"，并选择"页眉"栏中的"顶部"选项，然后单击"确定"按钮，如图6-34所示。

（4）在所选单元格中插入2行1列的嵌套表格，接着在嵌套表格的第1个单元格中插入电子资料包提供的"001.jpg"图像，然后适当调整图像的大小，如图6-35所示。

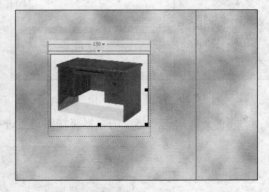

图 6-34 创建嵌套表格

图 6-35 在嵌套表格的单元格中插入图像

（5）确认图像大小后，拖动父级单元格边框重新调整嵌套表格所在的单元格大小，如图6-36所示。

（6）在嵌套表格的第2个单元格中输入产品名称文本，并将其大小设置为"14"，如图6-37所示。

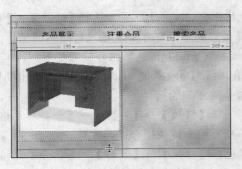

图 6-36　调整父级单元格大小

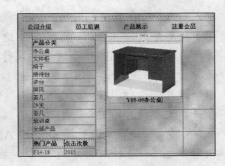

图 6-37　输入并设置文本

（7）按照相同的方法在其他单元格中嵌套表格并插入或输入相应的图像和文本，如图 6-38 所示。

（8）保存制作的网页后，按"F12"键预览效果，如图 6-39 所示。

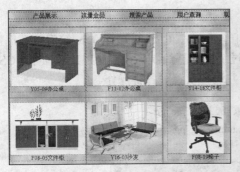

图 6-38　创建其他嵌套表格

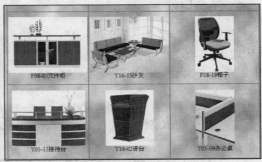

图 6-39　预览效果

◆ 学习与探究

本任务主要练习了在网页中利用布局表格、布局单元格、表格及嵌套表格来布局网页的操作。其中重点练习了布局模式的进入与退出、布局表格和布局单元格的绘制及调整方法、表格的插入与编辑方法、表格排序、表格边框美化及嵌套表格的创建和编辑等内容。

随着 CSS+Div 技术的普及，越来越多的网页设计人员选择使用这种技术来设计网页布局，但相比之下用表格进行页面布局的方法更为简单易学，加之其直观、易于修改的特性，仍受到不少网页设计人员的青睐。特别对于初学者而言，表格布局非常易于掌握，是首选的网页布局工具。

前面简要讲解了表格的操作，下面将进一步学习这些利用表格布局时常常用到的操作方法。

● 选择行：将鼠标指针移至表格中目标行的行首，当其变为➡形状时，单击鼠标可选择该行。

● 选择列：将鼠标指针移至表格中目标列的顶部，当其变为⬇形状时，单击鼠标可选择该列。

- 插入行或列：在需要插入行或列的单元格中定位文本插入点，选择【修改】→【表格】菜单命令，在弹出的子菜单中选择相应的命令即可实现插入行或列的操作。另外，按"Ctrl+M"组合键可插入行；按"Ctrl+Shift+A"组合键可插入列。
- 删除行或列：选择需要删除的行或列，直接按"Delete"键。另外，按"Ctrl+Shift+M"组合键可删除行，按"Ctrl+Shift+-"组合键可删除列。
- 合并单元格：选择需合并的单元格后，选择【修改】→【表格】→【合并单元格】菜单命令。另外也可通过按"Ctrl+Alt+M"组合键快速合并单元格。
- 拆分单元格：选择需拆分的单元格后，选择【修改】→【表格】→【拆分单元格】菜单命令。另外也可通过按"Ctrl+Alt+S"组合键快速合并单元格。

任务二　用 CSS+Div 布局"鲜花之旅"网页

◆ 任务目标

本任务的目标是在"index.html"网页中利用 AP Div、CSS 及 CSS+Div 等网页布局工具制作如图 6-40 所示的"鲜花之旅"网页。通过练习掌握绘制与设置 AP Div、创建 CSS 文件并设置 CSS 样式，以及创建 CSS+Div 标签并进行设置等各种操作。

素材位置： 模块六\素材\flower\index.html、bg.jpg、pic.jpg
效果图位置： 模块六\源文件\flower\index.html、bg.jpg、pic.jpg、text.css

图 6-40　"鲜花之旅"网页的最终效果

本任务的具体目标要求如下：
（1）掌握 AP Div 的绘制和进行属性的设置方法。
（2）掌握 CSS 样式的创建及具体的样式设置操作。
（3）掌握利用 CSS+Div 标签布局网页的操作方法。

◆ 操作思路

本任务的操作思路如图 6-41 所示，涉及的知识点有 AP Div 的绘制、大小与位置的调整、CSS 外部样式表的创建、样式的设置、CSS+Div 标签的创建、样式设置、复制及修改等操作。具体思路及要求如下：

（1）在提供的"index.html"网页中绘制多个 AP Div 进行网页布局，并适当调整 AP Div 的大小与位置。

（2）创建 CSS 外部样式表并设置样式表中的各种样式属性。

（3）创建 CSS+Div 标签并设置样式，然后通过对已有的 CSS+Div 标签进行复制和修改等操作制作其他 CSS+Div 标签。

①利用 AP Div 布局网页   ②利用 CSS 样式表布局网页   ③利用 CSS+Div 布局网页

图 6-41   制作"鲜花之旅"网页的操作思路

操作一   利用 AP Div 布局网页

（1）打开电子资料包提供的"index.html"网页素材，在插入栏的"布局"选项卡中单击"AP Div"按钮，如图 6-42 所示。

（2）拖动鼠标绘制适当大小的 AP Div 标签，如图 6-43 所示。

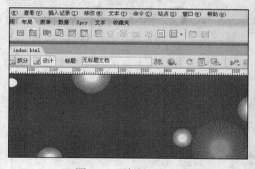

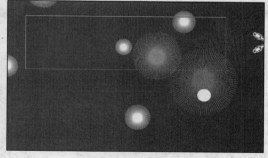

图 6-42   单击"AP Div"按钮   图 6-43   绘制 AP Div 标签

提示   AP Div 元素实际上也是一种 CSS+Div 设计方式，AP Div 在早期版本的 Dreamweaver 中被称做"层"，它不受网页中其他元素的限制，可放置在页面中的任何地方。

（3）将鼠标指针移至 AP Div 边框上，单击鼠标选择该对象，如图 6-44 所示。

（4）在属性检查器中将所选对象的宽度设置为"600px"，高度设置为"160px"，如图 6-45 所示。

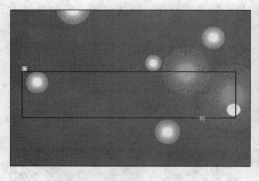
图 6-44　选择对象

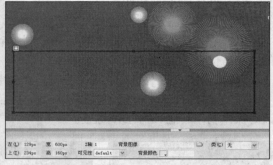
图 6-45　精确调整对象大小

（5）使用相同的方法再绘制 1 个宽度为"600px"，高度为"85px"的 AP Div 标签，并放置在前面绘制的 AP Div 下方，如图 6-46 所示。

（6）接着再绘制 3 个宽度为"160px"，高度为"70px"的 AP Div 标签，并按如图 6-47 所示的位置排列。

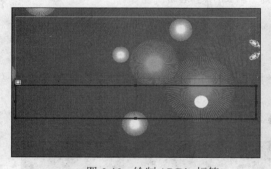
图 6-46　绘制 AP Div 标签

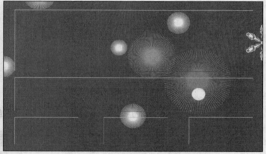
图 6-47　绘制 AP Div 标签

（7）在最上面的 AP Div 标签中单击鼠标定位文本插入点，单击插入栏的"常用"选项卡中的"图像"按钮，如图 6-48 所示。

（8）打开"选择图像源文件"对话框，在其中选择电子资料包提供的"pic"图像文件，单击"确定"按钮，如图 6-49 所示。

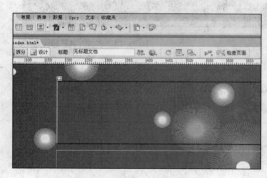
图 6-48　定位插入点

图 6-49　选择图像文件

（9）在打开的对话框中直接单击"确定"按钮，如图6-50所示。

（10）此时将在文本插入点所在的AP Div标签中插入所选的图像文件，如图6-51所示。

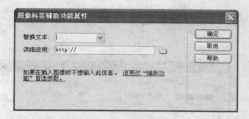

图6-50　设置图像辅助信息

图6-51　插入的图像

操作二　创建CSS样式表

（1）将文本插入点定位到第2个AP Div标签中，然后在其中单击鼠标右键，在弹出的快捷菜单中选择【CSS样式】→【新建】菜单命令，如图6-52所示。

（2）打开"新建CSS规则"对话框，在"选择器类型"栏中选中"高级（ID、伪类选择器等）"单选按钮。在"定义在"栏中选中"（新建样式表文件）"单选按钮，单击"确定"按钮，如图6-53所示。

图6-52　新建CSS样式

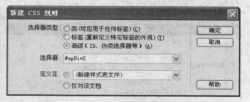

图6-53　设置定义方式

（3）打开"保存样式表文件为"对话框，在其中设置新建的CSS样式表文件的保存路径和名称，完成后单击"保存"按钮，如图6-54所示。

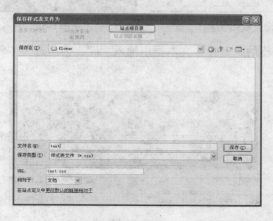

图6-54　保存CSS样式表文件

（4）打开定义 CSS 规则的对话框，在左侧的"分类"列表框中选择"类型"选项，在右侧设置字体为"方正卡通简体"、大小为"24 像素"、粗细为"粗体"、颜色为"#FFFFFF"，如图 6-55 所示。

（5）在"分类"列表框中选择"区块"选项，在右侧设置文字缩进为"50 像素"，如图 6-56 所示。

图 6-55　设置 CSS 类型　　　　　　　　　　图 6-56　设置 CSS 区块

（6）在"分类"列表框中选择"方框"选项，在右侧设置所有填充为"10 像素"，单击"确定"按钮，如图 6-57 所示。

（7）此时在第 2 个 AP Div 标签中输入文本后，文本将自动应用新建的 CSS 中定义的各种样式，如图 6-58 所示。输入完成后选择文本"开始'鲜花之旅'>>"。

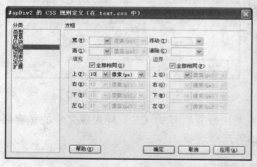

图 6-57　设置 CSS 方框　　　　　　　　　　图 6-58　输入并选择文本

（8）在属性检查器的"链接"文本框中输入"#"，为所选文本创建空链接，如图 6-59 所示。

图 6-59　创建空链接

138

（9）按"Ctrl+J"组合键打开"页面属性"对话框，选择"分类"列表框中的"链接"选项，在右侧设置链接颜色为"#996699"，单击"确定"按钮，如图6-60所示。

（10）此时创建的文本超级链接的格式将发生相应变化，如图6-61所示。

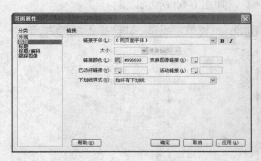 

　　　图6-60　设置链接颜色　　　　　　　　　　　　　图6-61　应用设置

操作三　创建 CSS+Div 标签

（1）将文本插入点定位在第3行左侧的 AP Div 标签中，单击插入栏的"布局"选项卡中的"Div"按钮，如图6-62所示。

（2）打开"插入 Div 标签"对话框，在"ID"下拉列表框中选择"left"，单击"新建CSS样式"按钮，如图6-63所示。

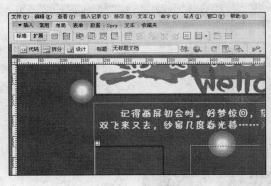 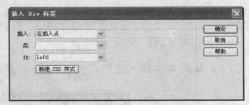

　　　图6-62　单击按钮　　　　　　　　　　　　　图6-63　设置 Div 标签名称

（3）打开"新建CSS规则"对话框，在"定义在"栏中选中"仅对该文档"单选按钮，单击"确定"按钮，如图6-64所示。

图6-64　设置定义规则

（4）在打开对话框的左侧的"分类"列表框中选择"类型"选项，在右侧设置字体为"方正卡通简体"、大小为"45 像素"、粗细为"特粗"、颜色为"#FFCC00"，如图 6-65 所示。

（5）在"分类"列表框中选择"区块"选项，在右侧设置字母间距为"5 像素"，垂直对齐方式为"中线对齐"，文本对齐方式为"居中"，如图 6-66 所示。

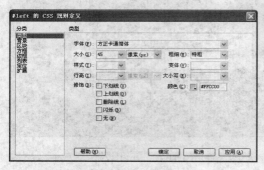

图 6-65　设置 CSS 类型

图 6-66　设置 CSS 区块

（6）在"分类"列表框中选择"边框"选项，在右侧设置所有样式为"槽状"，所有颜色为"#FFCC00"，单击"确定"按钮，如图 6-67 所示。

（7）返回"插入 Div 标签"对话框，单击"确定"按钮，如图 6-68 所示。

图 6-67　设置 CSS 边框

图 6-68　确认插入

（8）此时文本插入点所在的 AP Div 中将出现如图 6-69 所示的带有设置格式的文本。

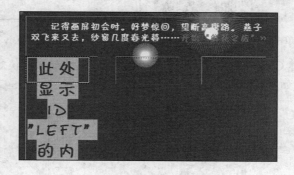

图 6-69　插入的 Div 标签

（9）输入文本"鲜花"，完成第 1 个 CSS+Div 标签的创建和设置，如图 6-70 所示。

（10）将文本插入点定位到第 3 行中间的 AP Div 标签中，在 Dreamweaver 窗口右侧的 "CSS 样式" 面板中找到 "#left" 选项（若没有则按 "Shift+F11" 组合键打开），在其上单击鼠标右键，在弹出的快捷菜单中选择 "复制" 命令，如图 6-71 所示。

图 6-70 插入的 CSS+Div 标签

图 6-71 复制 CSS+Div 标签

（11）打开 "复制 CSS 规则" 对话框，在 "选择器" 下拉列表框中将其名称更改为 "#mid"，单击 "确定" 按钮，如图 6-72 所示。

（12）在 "CSS 样式" 面板中找到复制的 "#mid" 选项，在其上单击鼠标右键，在弹出的快捷菜单中选择 "编辑" 命令，如图 6-73 所示。

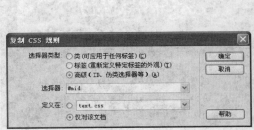

图 6-72 修改 CSS 选择器名称

图 6-73 编辑 CSS 规则

（13）打开定义 CSS 规则的对话框，在左侧的 "分类" 列表框中选择 "类型" 选项，在右侧将颜色修改为 "#0066CC"，如图 6-74 所示。

图 6-74 修改文本颜色规则

（14）在 "分类" 列表框中选择 "边框" 选项，在右侧将所有颜色修改为 "#0066CC"，单击"确定"按钮，如图 6-75 所示。

（15）将文本插入点定位在 AP Div 标签中，单击"布局"选项卡中的"Div"按钮，打开"插入 Div 标签"对话框，在"ID"下拉列表框中选择"mid"选项，单击"确定"按钮，如图 6-76 所示。

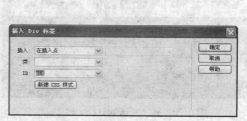

图 6-75　修改边框颜色规则　　　　　　　　　　图 6-76　选择 CSS 样式

（16）此时在文本插入点所在的 AP Div 标签中将出现如图 6-77 所示的标签。

（17）直接输入"花篮"，完成第 2 个 CSS+Div 标签的创建，如图 6-78 所示。

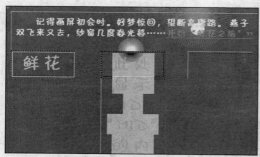

图 6-77　创建的 CSS+Div 标签　　　　　　　　图 6-78　输入文本

（18）将文本插入点定位到第 3 行右侧的 AP Div 标签中，在"CSS 样式"面板的"#mid"选项上单击鼠标右键，在弹出的快捷菜单中选择"复制"命令，如图 6-79 所示。

图 6-79　复制 CSS 样式

（19）打开"复制 CSS 规则"对话框，在"选择器"下拉列表框中将名称更改为"#right"，单击"确定"按钮，如图 6-80 所示。

（20）在"CSS 样式"面板中的"#right"选项上单击鼠标右键，在弹出的快捷菜单中选择"编辑"命令，如图 6-81 所示。

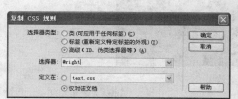

图 6-80　修改 CSS 选择器名称　　　　　　　　　　图 6-81　编辑 CSS 规则

（21）在打开的对话框的左侧的"分类"列表框中选择"类型"选项，在右侧将颜色修改为"#009900"，如图 6-82 所示。

（22）在"分类"列表框中选择"边框"选项，在右侧将所有颜色修改为"#009900"，单击"确定"按钮，如图 6-83 所示。

图 6-82　修改文本颜色规则　　　　　　　　　　图 6-83　修改边框颜色规则

（23）将文本插入点定位在 AP Div 标签中，单击"布局"选项卡中的"Div"按钮，打开"插入 Div 标签"对话框，在"ID"下拉列表框中选择"right"选项，单击"确定"按钮，如图 6-84 所示。

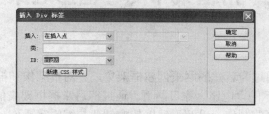

图 6-84　选择 CSS 样式

（24）在文本插入点所在的 AP Div 标签中直接输入"绿植"，完成第 3 个 CSS+Div 标签的创建，如图 6-85 所示。

（25）保存创建的网页，按"F12"键即可预览效果。

图 6-85　预览效果

◆ **学习与探究**

本任务主要练习了在网页中利用 AP Div、CSS 样式及 CSS+Div 标签布局网页的方法。其中 CSS+Div 设计方式是业界非常流行的一种新的设计方式，这种方式摒弃了原来表格布局的传统方法，而选择 Div 标签元素作为布局的容器，然后通过标准的 CSS 样式规则对各 Div 标签进行外观设置，从而实现页面的布局和外观设计。

相对于传统的表格布局方式而言，CSS+Div 布局方式使用起来更加灵活多变，它主要有以下几种优点。

- 效果出众：CSS 有强大的字体控制和排版能力，可以实现更丰富的显示效果。
- 代码精简：相对于表格而言，其页面代码大大减少，从而提升了页面的浏览速度。
- 结构清晰：使站点可以更好地被搜索引擎找到。
- 表现和内容相分离：将设计部分分离出来放在一个独立样式文件中，这样有效地减少了静态页面的大量代码对程序开发人员的干扰。
- 页面布局控制力强：Div 标签本身就在布局方面有很大的优势，再加上 CSS 强而有力的效果支持，使页面布局更加得心应手。
- 结构标准化：严格按照规范编写，可实现结构标准化，这对于页面的维护和重构都有着至关重要的作用。

任务三　用框架布局"电影之家"网页

◆ **任务目标**

本任务的目标是通过为新建的网页创建框架集，并对框架集和框架网页等进行各种设置，制作如图 6-86 所示的"电影之家"网页。通过练习掌握框架集的创建、保存，框架的使用与设置，框架网页的制作，以及浮动框架的创建与编辑等操作。

素材位置： 模块六\素材\movie\top.html、main.html、left.html
效果图位置： 模块六\源文件\movie\index.html、top.html、elink.html、main.html、left.html

图 6-86　"电影之家"网页的最终效果

本任务的具体目标要求如下：

（1）掌握框架集的创建与保存方法。

（2）掌握"框架"面板的使用方法。

（3）掌握框架网页的使用与制作操作。

（4）掌握框架的添加与编辑操作。

（5）熟悉浮动框架的创建与使用方法。

◆　操作思路

本任务的操作思路如图 6-87 所示，涉及的知识点有框架集的创建和保存，"框架"面板的使用，框架网页的选择与制作，框架的添加，以及浮动框架的使用。具体思路及要求如下：

（1）新建框架集网页并保存。

（2）利用"框架"面板选择各框架网页并添加相应的内容。

（3）添加框架，并利用浮动框架制作外部链接。

①创建框架集　　　　②制作框架网页　　　　③创建浮动框架

图 6-87　制作"电影之家"网页的操作思路

操作一　创建并保存框架集

（1）启动 Dreamweaver CS3，选择【文件】→【新建】菜单命令，打开"新建文档"对话框，选择左侧列表框中的"示例中的页"选项，在"示例文件夹"列表框中选择"框架集"选项，在右侧的"示例页"列表框中选择"上方固定，左侧嵌套"选项，单击"创建"按钮，如图 6-88 所示。

（2）此时将在 Dreamweaver 中创建选择的框架集，并打开"框架标签辅助功能属性"对话框，在其中可定义框架网页的名称，这里直接单击"确定"按钮，如图 6-89 所示。

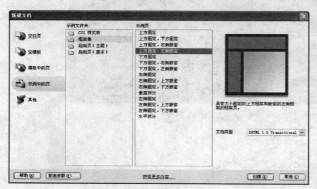

图 6-88　创建框架集

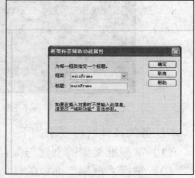

图 6-89　命名框架网页

（3）将鼠标指针移至创建的框架集的某个框架边框上，当其变为双向箭头时单击鼠标，如图 6-90 所示。

（4）此时将选择整个框架集，并在属性检查器中对其边框粗细、颜色和宽度等属性进行设置，如图 6-91 所示。

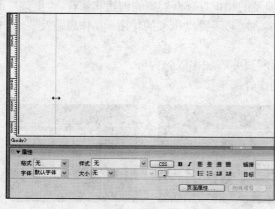

图 6-90　鼠标指针为双向箭头

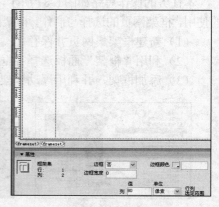

图 6-91　设置框架集

（5）按住"Alt"键的同时单击某个框架网页内部可选择该框架，并在属性检查器中对该框架网页的源文件、滚动方式、边框粗细、颜色、边界宽度和高度等属性进行设置，如图 6-92 所示。

（6）选择整个框架集，然后选择【文件】→【框架集另存为】菜单命令，如图 6-93 所示。

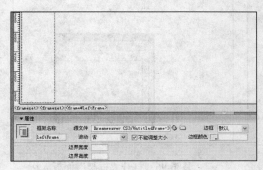

图 6-92 设置框架网页

图 6-93 保存框架集

（7）打开"另存为"对话框，在其中设置框架集的保存位置和名称后，单击"保存"按钮即可保存框架集，如图 6-94 所示。

图 6-94 设置框架集的保存位置和名称

提示 框架结构的网页最明显的特征就是各个框架中的框架页可以单独跳转和更新，常常被用在具有多个分类导航或多项复杂功能的 Web 页面，如大型社区与论坛网页等。

操作二 制作框架网页

（1）选择【窗口】→【框架】菜单命令，如图 6-95 所示。

（2）此时将在 Dreamweaver 窗口右侧打开"框架"面板，其中将显示创建的框架集结构，如图 6-96 所示。单击该面板中的某个框架网页即可在工作区中选择对应的框架，单击面板中框架集的边框即可选择整个框架集。

（3）在"框架"面板中单击上方的框架网页将其选择，然后在属性检查器中单击"源文件"文本框右侧的"浏览文件"按钮，如图 6-97 所示。

图 6-95　选择"框架"命令　　　　　　　　图 6-96　打开"框架"面板

（4）打开"选择 HTML 文件"对话框，在其中选择电子资料包提供的"top"网页文件，单击"确定"按钮，如图 6-98 所示。

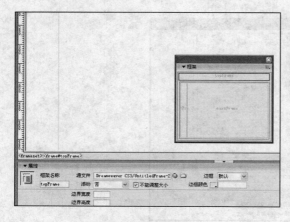

图 6-97　选择框架网页　　　　　　　　图 6-98　选择网页文件

（5）此时所选的网页内容将出现在顶部的框架中，如图 6-99 所示。

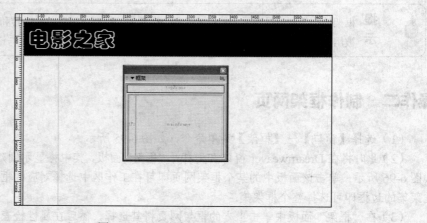

图 6-99　显示的框架网页内容

（6）选择网页中的文本"电影之家"，如图6-100所示。

（7）将其文本颜色设置为"#003399"，如图6-101所示。按"Ctrl+S"组合键保存设置，此时引用的源网页文件内容也将被修改。

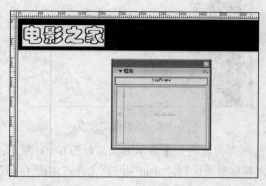

图6-100　选择文本

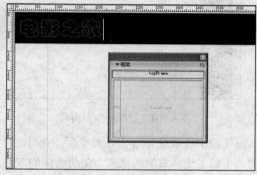

图6-101　设置框架网页内容

（8）在"框架"面板中选择左侧的框架网页，单击属性检查器中的"源文件"文本框右侧的"浏览文件"按钮，如图6-102所示。

（9）打开"选择HTML文件"对话框，在其中选择提供的"left"网页文件，单击"确定"按钮，如图6-103所示。

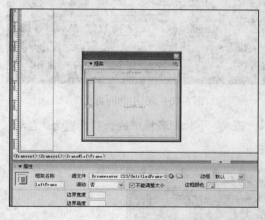

图6-102　选择框架

图6-103　选择网页文件

提示　若在设置过程中要预览效果，不仅要保存框架集，还要同时将框架集中包含的各框架网页一并保存，因此需要选择【文件】→【保存全部】菜单命令来实现。

（10）此时左侧的框架中将显示引用的网页内容，但由于框架宽度不够，并没有将内容完全显示出来，如图6-104所示。

（11）将鼠标指针移至左侧框架边框上，当其变为双向箭头时按住鼠标左键不放向右拖动，如图6-105所示。

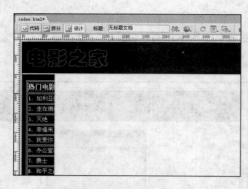

图 6-104　显示的网页内容

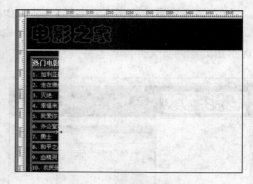

图 6-105　调整框架宽度

（12）释放鼠标增大框架宽度，此时其中的网页内容将完全显示出来，如图 6-106 所示。

（13）选择右侧的框架，使用相同的方法为其引用提供的 "main" 网页文件，如图 6-107 所示。

图 6-106　调整后的网页内容

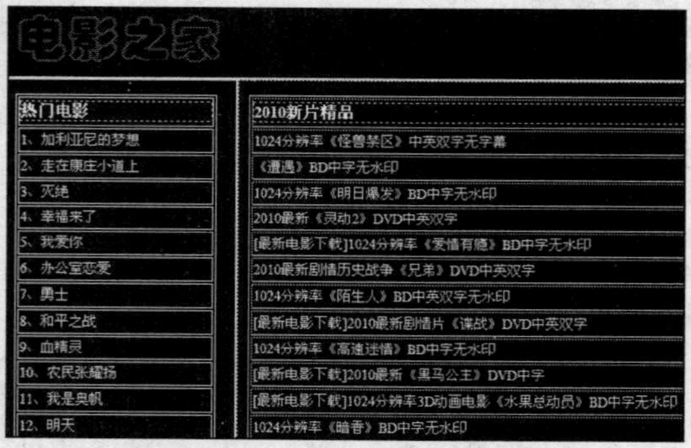

图 6-107　引用的网页文件

（14）选择右侧的框架，在属性检查器中将 "滚动" 下拉列表框中的选项设置为 "自动"，并选中 "不能调整大小" 复选框，如图 6-108 所示。

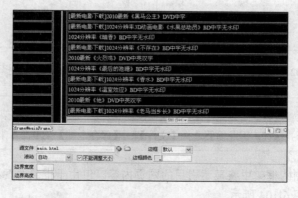

图 6-108　设置框架网页的滚动方式并禁止调整大小

操作三　使用浮动框架

（1）选择右侧的框架，然后单击插入栏的"布局"选项卡中的"框架"按钮▣右侧的下拉按钮，在弹出的下拉列表中选择"顶部框架"选项，如图6-109所示。

（2）打开"框架标签辅助功能属性"对话框，采用默认的参数设置，直接单击"确定"按钮，如图6-110所示。

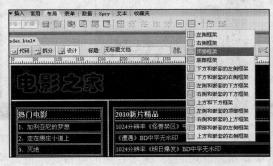

图6-109　添加框架

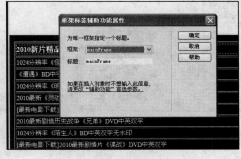

图6-110　设置框架名称

（3）将文本插入点定位在添加的框架中，单击插入栏的"布局"选项卡中的"IFRAME"按钮（浮动框架）▣，此时Dreamweaver将变为拆分显示模式，如图6-111所示。

（4）选择【窗口】→【标签检查器】菜单命令，如图6-112所示。

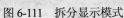

图6-111　拆分显示模式

图6-112　选择"标签检查器"命令

（5）此时将打开"标签"面板，在其中的"属性"选项卡中单击"刷新"按钮，如图6-113所示。

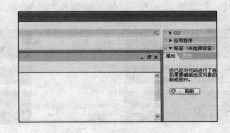

图6-113　刷新属性

（6）此时添加的框架中将出现创建的浮动框架对象，如图 6-114 所示。

（7）选择浮动框架，在"标签"面板的"属性"选项卡中单击"align"选项右侧的空白文本框，并单击出现的下拉按钮，在弹出的下拉列表中选择"left"选项，设置其对齐方式为"左对齐"，如图 6-115 所示。

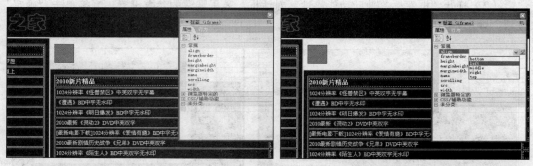

图 6-114　插入的浮动框架　　　　　　　　图 6-115　设置对齐方式

（8）在"标签"面板的"属性"选项卡中单击"scrolling"选项右侧的空白文本框，并单击出现的下拉按钮，在弹出的下拉列表中选择"auto"选项，设置其滚动方式为"自动"，如图 6-116 所示。

（9）使用相同的方法在"标签"面板的"属性"选项卡中将"width"（宽度）设置为"700"，如图 6-117 所示。

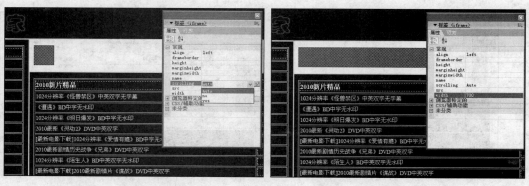

图 6-116　设置滚动方式　　　　　　　　　图 6-117　设置浮动框架宽度

（10）在"标签"面板的"属性"选项卡的"scr"选项右侧的文本框中输入"http://video.baidu.com"，设置其链接对象地址，如图 6-118 所示。

图 6-118　设置链接地址

（11）将文本插入点定位在浮动框架所在的框架网页中，将其页面背景颜色设置为"#000000"，如图6-119所示。

（12）按"Ctrl+S"组合键，打开"另存为"对话框，将该框架网页以"elinks"为名进行保存，如图6-120所示。

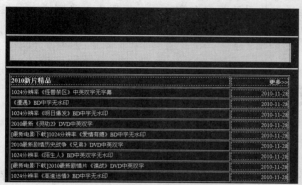

图6-119　设置背景颜色

图6-120　保存框架网页

（13）将鼠标指针移至框架集边框上，单击鼠标选择整个框架集，按"Ctrl+S"组合键保存，如图6-121所示。最后按"F12"键预览设置效果即可。

图6-121　保存框架集

◆ 学习与探究

本任务主要练习了利用框架集布局网页的操作，其中主要涉及框架集网页的创建、保存，框架网页的制作，框架的添加，"框架"面板的使用，以及浮动框架的创建等。框架与表格相比，是一种更为复杂的布局工具。其作用是将浏览器窗口分割成多个部分，每部分载入不同的网页文档，然后将它们组合在一起构成一个完整的页面结构，各框架通过一定的链接关系联系起来。下面将对编辑无框架内容及删除框架的操作进行介绍，以掌握更多的关于框架的操作方法。

● 编辑"无框架内容"：在实际应用中，并不是所有的浏览器都支持框架型网页，对于部分不支持框架型网页的浏览器应该给使用这类浏览器的用户提供必要的提示

153

信息，这就是"无框架内容"。编辑"无框架内容"时只需选择【修改】→【框架集】→【编辑无框架内容】菜单命令，然后在窗口中输入相应的提示信息即可。

- 删除框架：Dreamweaver 没有提供专业的菜单命令或功能按钮来实现删除框架的操作，如果要删除框架，可将该框架与相邻框架的边框拖出编辑窗口或拖动到父框架的边框上。如果要删除的框架中有文档尚未保存，Dreamweaver 将提示保存该文档。需要注意的是，不能通过拖动边框完全删除一个框架集。要删除一个框架集，必须关闭显示编辑窗口。如果该框架集文件已保存，还需在 Windows 中删除该文件。

任务四　用模板布局"校园新闻"网页

◆ 任务目标

本任务的目标是创建网页模板，并进行设置和保存，然后新建网页文件，并利用保存的网页模板快速制作网页内容，最后对网页模板和网页文件进行更新操作。通过网页模板制作的网页文件的最终效果如图 6-122 所示。通过练习掌握网页模板的创建、保存，可编辑区域的添加，网页模板的套用，网页模板，以及网页文件的更新等操作。

素材位置： 模块六\素材\school\banner.jpg
效果图位置： 模块六\源文件\school\template.dwt、class.html、banner.jpg

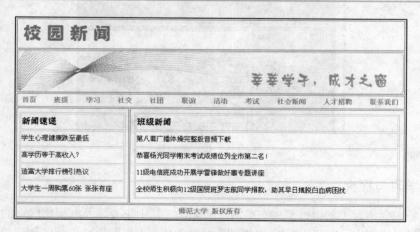

图 6-122　"校园新闻"网页的最终效果

本任务的具体目标要求如下：

（1）掌握网页模板的创建、保存及可编辑区域的添加方法。
（2）掌握在网页文件中套用网页模板的操作。
（3）掌握网页模板和网页文件的更新方法。

◆　**操作思路**

本任务的操作思路如图 6-123 所示，涉及的知识点主要有网页模板的创建、编辑，可编辑区域的添加，网页模板的保存，在网页文件中应用网页模板，以及网页文件和网页模板的更新等操作。具体思路及要求如下：

（1）创建、编辑并保存网页模板。

（2）新建网页文件，套用保存的网页模板并进行编辑。

（3）更新网页模板和网页文件。

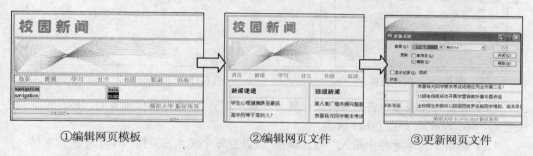

①编辑网页模板　　　　②编辑网页文件　　　　③更新网页文件

图 6-123　制作"校园新闻"网页的操作思路

操作一　创建并编辑网页模板

（1）启动 Dreamweaver CS3，选择【文件】→【新建】菜单命令，打开"新建文档"对话框，在左侧的列表框中选择"空白页"选项，在"页面类型"列表框中选择"HTML 模板"选项，在右侧的"布局"列表框中选择"<无>"选项，单击"创建"按钮，如图 6-124 所示。

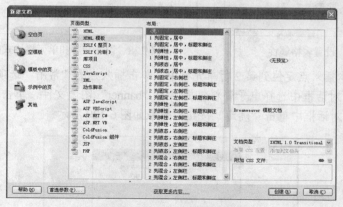

图 6-124　新建模板文档

（2）单击插入栏的"常用"选项卡（或"布局"选项卡）中的"表格"按钮，打开"表格"对话框，设置行数为"5"，列数为"1"，表格宽度为"800 像素"，其余参数保持默认设置，单击"确定"按钮，如图 6-125 所示。

（3）单击插入的表格下方的下拉按钮，在弹出的下拉菜单中选择"选择表格"命令，如图 6-126 所示。

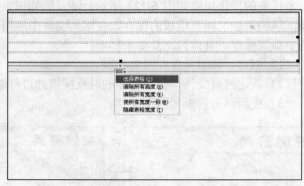

图 6-125　创建表格　　　　　　　　　　　图 6-126　选择命令

（4）在属性检查器中将对齐方式设置为"居中对齐"，边框粗细设置为"1"，边框颜色设置为"#666666"，如图 6-127 所示。

（5）在第 1 行单元格中输入"校园新闻"，并在每个文本左侧插入 1 个不换行空格，然后将文本格式设置为"字体-方正琥珀简体、大小-36、颜色-#CC6600"，并将单元格高度设置为"60"，效果如图 6-128 所示。

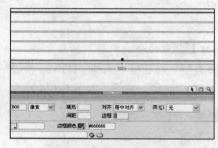

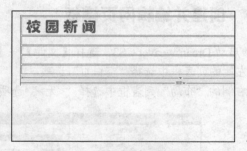

图 6-127　设置表格属性　　　　　　　　　图 6-128　设置文本和单元格格式

（6）将文本插入点定位到第 2 行单元格中，单击插入栏的"常用"选项卡中的"图像"按钮，在打开的对话框中选择电子资料包提供的"banner"图像文件，单击"确定"按钮，并在打开的提示对话框中单击"确定"按钮，效果如图 6-129 所示。

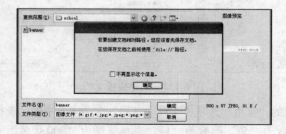

图 6-129　选择图像

（7）在打开的"图像标签辅助功能属性"对话框中单击"确定"按钮后，即可插入选择的图像，如图 6-130 所示。

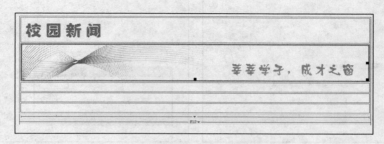

图 6-130　插入图像

（8）在第 3 行单元格中输入导航文本（各词语之间插入若干不换行空格），并设置文本格式为"大小-14、加粗、颜色-#E5800A、居中对齐"，单元格高度设置为"25"，效果如图 6-131 所示。

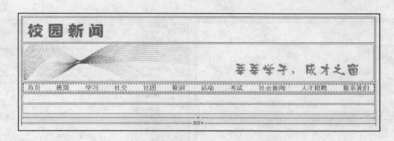

图 6-131　输入并设置导航文本

（9）在最后一行输入版权文本，并按导航文本的格式进行相同的设置，效果如图 6-132 所示。

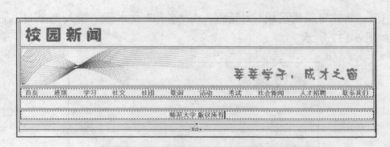

图 6-132　输入并设置版权文本

（10）在第 4 行单元格中单击鼠标右键，在弹出的快捷菜单中选择【表格】→【拆分单元格】菜单命令，如图 6-133 所示。

（11）打开"拆分单元格"对话框，选中"列"单选按钮，将"列数"数值框中的数字设置为"2"，单击"确定"按钮，如图 6-134 所示。

157

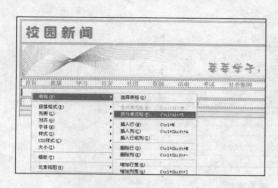

图 6-133　选择命令

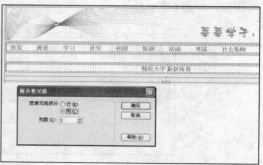

图 6-134　拆分单元格

（12）将拆分出来的单元格边框适当向左拖动，调整两个单元格的宽度，如图 6-135 所示。

（13）将文本插入点定位到第 4 行左侧的单元格中，选择【插入记录】→【模板对象】→【可编辑区域】菜单命令，如图 6-136 所示。

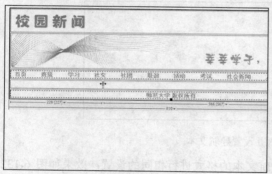

图 6-135　调整单元格宽度

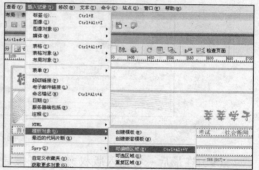

图 6-136　选择"可编辑区域"命令

（14）打开"新建可编辑区域"对话框，在"名称"文本框中输入"navigation"，单击"确定"按钮，如图 6-137 所示。

图 6-137　命名可编辑区域

（15）此时将在文本插入点所在的单元格中插入可编辑区域的标志，如图 6-138 所示。

（16）在右侧的单元格中单击鼠标右键，在弹出的快捷菜单中选择【模板】→【新建可编辑区域】菜单命令，如图6-139所示。

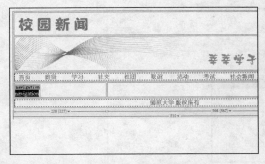

图6-138　创建的可编辑区域　　　　　　　　图6-139　选择"新建可编辑区域"命令

（17）打开"新建可编辑区域"对话框，在"名称"文本框中输入"main"，单击"确定"按钮，如图6-140所示。

（18）此时将在单元格中插入可编辑区域的标志，如图6-141所示。

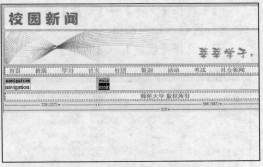

图6-140　命名可编辑区域　　　　　　　　　图6-141　插入可编辑区域

（19）选择【文件】→【另存为模板】菜单命令，如图6-142所示。

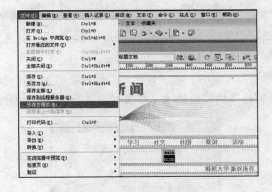

图6-142　选择"另存为模板"命令

（20）打开"另存模板"对话框，在"站点"下拉列表框中选择此模板存放的站点，在"另存为"文本框中输入模板名称，完成后单击"保存"按钮，如图 6-143 所示。

图 6-143　保存模板

操作二　通过网页模板制作"校园新闻"网页

（1）选择【文件】→【新建】菜单命令，在打开的对话框中选择空白的网页文件，单击"创建"按钮，如图 6-144 所示。

（2）选择【修改】→【模板】→【应用模板到页】菜单命令，如图 6-145 所示。

图 6-144　新建空白网页　　　　　　　　　　　　图 6-145　应用模板到页

（3）打开"选择模板"对话框，在"站点"下拉列表框中选择模板所在的站点，然后在"模板"列表框中选择需应用的模板选项，单击"选定"按钮，如图 6-146 所示。

图 6-146　选择模板

（4）此时空白网页将应用所选的网页模板内容，且将鼠标指针移至非可编辑区域上时，鼠标指针将变为禁用状态，如图6-147所示。

（5）将"navigation"可编辑区域中的"navigation"文本删除，如图6-148所示。

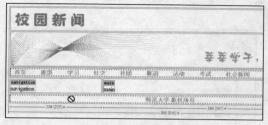
图6-147　应用模板

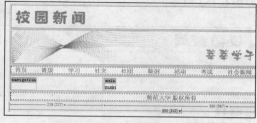
图6-148　删除文本

（6）单击插入栏的"常用"选项卡中的"表格"按钮，打开"表格"对话框，设置行数为"5"，列数为"1"，表格宽度为"220像素"，其余参数保持默认设置，单击"确定"按钮，如图6-149所示。

（7）选择插入的表格，将其对齐方式设置为"居中对齐"，边框粗细设置为"1"，边框颜色设置为"#CCCCCC"，效果如图6-150所示。

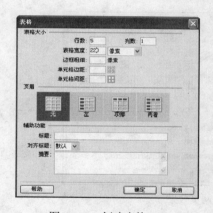
图6-149　创建表格

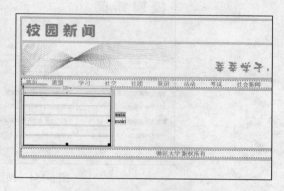
图6-150　设置表格边框

（8）在第1行单元格中输入"新闻速递"，将文本格式设置为"字体-方正艺黑简体、大小-18"，并将单元格高度设置为"30"，效果如图6-151所示。

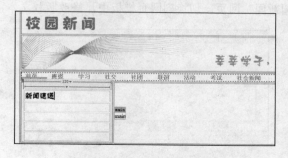
图6-151　输入并设置文本

161

（9）在其余单元格中输入如图 6-152 所示的文本，并设置其大小为"14"，然后将单元格高度设置为"30"。

（10）使用相同的方法在"main"可编辑区域插入表格，然后输入并设置相应的内容，如图 6-153 所示。

图 6-152 输入表格内容   图 6-153 创建并设置表格

（11）保存设置并预览效果，如图 6-154 所示。

图 6-154 预览网页效果

操作三 更新"校园新闻"网页

（1）打开"校园新闻"网页，切换到网页模板中，修改版权文本，如图 6-155 所示。

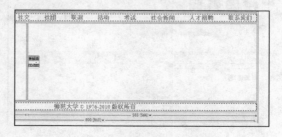

图 6-155 修改模板中的版权文本

162

（2）切换到网页文件中，选择【修改】→【模板】→【更新页面】菜单命令，如图6-156所示。

（3）打开"更新页面"对话框，在"查看"下拉列表框中选择更新范围和站点，选中"模板"复选框，单击"开始"按钮，如图6-157所示。

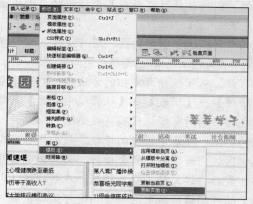

图6-156　选择"更新页面"命令

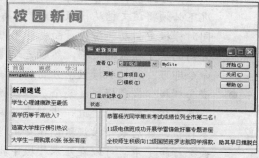

图6-157　选择更新范围

（4）此时应用了该模板的网页将自动完成更新操作，如图6-158所示，单击"关闭"按钮关闭对话框，并保存修改后的网页即可。

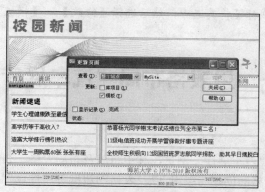

图6-158　完成更新

◆　**学习与探究**

本任务主要练习了利用模板快速创建网页的操作，其中主要涉及模板的创建、编辑，可编辑区域的添加，模板的保存，应用，以及网页的更新等内容。

在同一网站的不同页面中，往往有许多版块是相同的，如 Logo、Banner 和版权区等，虽然使用复制粘贴的操作也可以方便地将这些相同的部分从一个页面应用到另一个网页中，但在这种情况下，利用模板更可以轻松解决这一问题。且当修改模板中的相同区域后，使用模板创建的所有网页的相应部分也可以快速更新，这样也大大方便了对网页的维护。因此模板在网页设计中也是一种非常实用的工具。下面对使用模板时需要注意的问题进行探究，以便更好地掌握模板这一工具。

- 模板中的各种区域：Dreamweaver CS3 为模板中的区域定义了 4 种类型，其中可编辑区域是指模板可以编辑的部分。要使模板生效，至少应包含一个可编辑区域；重复区域是文档中设置为重复的布局部分，通常是可编辑的；可选区域是模板中指定为可选的部分，用于保存可能在基于模板的文档中出现的内容；可编辑标签属性可以在模板中解锁标签的某些属性，以便该属性可以在基于模板的页面中被修改。

- 从模板分离文档：有时需要在个别文档中对模板中锁定的区域进行修改，这种情况下必须将该文档从模板分离。分离之后，文档的所有区域都将变为可编辑状态，同时模板更新功能对该页面也将不再有效。从模板分离文档的方法为：打开需要分离的基于模板的文档，然后选择【修改】→【模板】→【从模板中分离】菜单命令即可。文档从模板中分离后，该文档中的所有模板代码将被删除。

- 嵌套模板：嵌套模板是某个基本模板的变体，即基于模板的模板。嵌套模板可以在基本模板的基础上进一步创建可编辑区域。若要创建嵌套模板，必须先创建基本模板，然后基于该模板创建新文档，最后将该文档另存为模板。在新模板（即嵌套模板）中，可以在基本模板中指定的可编辑区域中进一步指定可编辑区域。需要注意的是，通过嵌套模板创建的网页只有在嵌套模板中指定的新的可编辑区域才能进行编辑。

- 取消可编辑区域：若不需要模板中已创建的某个可编辑区域，则单击可编辑区域左上角的区域标签将其选中，然后选择【修改】→【模板】→【删除模板标记】菜单命令。

实训一　用表格布局 "汽车展厅" 网页

◆ 实训目标

本实训要求创建 "汽车展厅" 网页，其中将涉及布局表格、布局单元格的绘制，表格的创建与编辑，嵌套表格的创建与编辑，以及表格的边框等属性设置，制作的效果如图 6-159 所示。通过本实训重点巩固布局表格、布局单元格的绘制及表格和嵌套表格的使用。

图 6-159　"汽车展厅" 网页效果

素材位置：模块六\素材\car\ "pic" 文件夹
效果图位置：模块六\源文件\car\show.html、 "pic" 文件夹

◆ **实训分析**

本实训的制作思路如图 6-160 所示，具体分析及思路如下。

（1）创建空白网页并将背景颜色设置为 "#99CC99"。

（2）按 "Alt+F6" 组合键进入布局模式，绘制一个 "800×600" 的布局表格，并在其中绘制 3 个布局单元格，大小依次为 "800×60"、"800×30" 和 "800×488"，各布局单元格之间适当空出一定距离。

（3）退出布局模式，在上两个布局单元格区域中输入标题和导航文本，并设置相应的格式（具体格式参见提供的效果文件）。

（4）在下面的布局单元格区域中插入 3 行 3 列的表格，并拖动表格下方和右侧的边框，将表格大小调整到与布局单元格区域的大小刚好合适，然后设置表格边框颜色。

（5）重新进入布局模式，在插入的表格中按其大小绘制 9 个布局单元格，然后退出布局模式。

（6）在创建的表格的第 1 个单元格中嵌套 3 行 1 列的表格，调整表格大小并设置边框颜色，然后依次在嵌套表格的单元格中插入图像并输入文本。

（7）将嵌套的表格依次复制到其他父级表格的单元格中，并修改图像和文本，最后保存并预览效果即可。

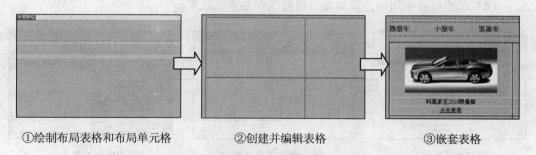

①绘制布局表格和布局单元格　　②创建并编辑表格　　③嵌套表格

图 6-160　制作 "汽车展厅" 网页的操作思路

实训二　用框架布局 "天宇工作室" 网页

◆ **实训目标**

本实训要求利用框架创建 "天宇工作室" 网页，制作的最终效果如图 6-161 所示，其中将重点练习框架集的创建、编辑及各种设置等操作。通过本实训进一步巩固利用框架布局网页的方法。

素材位置：模块六\素材\design\top.html、main.html、main2.html、"pic"文件夹
效果图位置：模块六\源文件\design\design.html、top.html、main.html、main2.html……

图 6-161　"天宇工作室"网页最终效果

◆ 实训分析

本实训的制作思路如图 6-162 所示，具体分析及思路如下。

（1）创建"上方固定、左侧嵌套"的框架集。

（2）通过"窗口"菜单下的"框架"命令调出"框架"面板，并在面板中选择"topFrame"框架，将源文件设置为电子资料包中提供的"top.html"网页。

（3）使用相同的方法为其他框架引用电子资料包提供的源文件。

（4）适当修改引用后的框架集，最后保存并预览效果。

①创建框架集　　　　　　②为框架引用源文件　　　　　　③编辑框架集内容

图 6-162　制作"天宇工作室"网页的操作思路

实训三　用 CSS+Div 标签制作"巧克力小店"网页

◆ 实训目标

本实训要求利用 CSS+Div 标签制作"巧克力小店"网页，制作的最终效果如图 6-163 所示，其中将重点练习 Div 标签的创建及 CSS 样式的编辑等操作。通过本实训进一步巩固利用 CSS+Div 布局网页的方法。

素材位置：模块六\素材\wangdian\index.html、"pic"文件夹
效果图位置：模块六\源文件\wangdian\index.html、"pic"文件夹

图 6-163　"巧克力小店"网页最终效果

◆　**实训分析**

本实训的制作思路如图 6-164 所示，具体分析及思路如下。

（1）打开电子资料包提供的"index.html"网页，在下方的 Div 标签中再插入 Div 标签，并设置 CSS 格式（具体格式可参见效果文件）。

（2）创建 Div 标签后删除预设的文本，并插入提供的"01.jpg"、"02.jpg"、"03.jpg"3张图片。

（3）在当前 Div 标签右侧插入新的 Div 标签，并设置 CSS 格式。

（4）创建 Div 标签后删除预设的文本，输入需要的内容并插入提供的"04.jpg"、"05.jpg"、"06.jpg"3 张图片。

（5）保存制作的网页并预览效果。

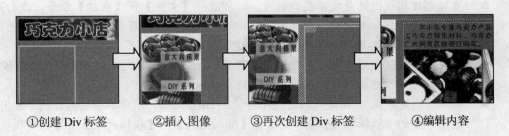

①创建 Div 标签　②插入图像　③再次创建 Div 标签　④编辑内容

图 6-164　制作"巧克力小店"网页的操作思路

实践与提高

根据本模块所学内容，动手完成以下实践内容。

练习 1 通过多种布局方法创建"礼尚往来"网页

本练习将首先绘制布局表格和布局单元格对新建的空白网页进行整体布局，然后在左上方的单元格中插入"01.jpg"图像，接着在右侧的单元格中插入"02.jpg"图像，并利用 AP Div 标签制作导航对象。然后在下方左侧的单元格中插入表格并输入数据，最后在右侧的单元格中创建 CSS+Div 标签并进行内容编辑，最终效果如图 6-165 所示。

> **素材位置：** 模块六\素材\present\ "pic" 文件夹
>
> **效果图位置：** 模块六\源文件\present\index.html、 "pic" 文件夹

图 6-165 制作的"礼尚往来"网页

练习 2 网页模板的创建方法

模板是 Dreamweaver CS3 中一种重要的工具。用户可以在模板中设计固定的页面布局，然后再创建可编辑的区域，网页设计时只需要修改可编辑区域的内容即可快速制作一个网页，这种高效的设计方法是网页设计人员越来越青睐的网页制作模式。为了更好地掌握模板的使用，下面对模板的各种创建方法进行介绍，掌握后可自行上机练习。

- 直接创建模板：这是文中提到的方法，即选择【文件】→【新建】命令，在打开的"新建文档"对话框左侧选择"空白页"选项，在"页面类型"列表框中选择"HTML 模板"选项，然后单击"创建"按钮。
- 另存为模板：新建或打开一个普通 HTML 文档，选择【文件】→【另存为模板】命令即可将任意编辑好的网页文件创建成模板。
- 插入"创建模板"：新建或打开一个普通 HTML 文档，然后单击插入栏的"常用"选项卡中的"模板"按钮，或选择【插入记录】→【模板对象】→【创建模板】命令。
- 在"资源"面板中新建模板：单击"资源"面板中的"模板"按钮切换到"模板"分类，再单击"新建模板"按钮，即可新建一个模板。

模块七

使用表单和行为

表单是用户与网站互动的桥梁，也是提交信息的重要媒介。行为则可以丰富网页的互动功能，提高网页的交互效果，增强体验性。下面将通过两个任务分别介绍在 Dreamweaver 中使用表单和行为的方法，以达到掌握并熟练使用常用表单对象和行为的目的。

学习目标

- 掌握表单的插入与设置方法。
- 掌握文本域、单选按钮组、列表框、提交按钮等表单对象的插入与设置方法。
- 掌握"行为"面板的使用方法。
- 熟悉"交换图像"行为和"设置文本"行为的使用。

任务一　制作"客户信息反馈表"网页

◆ 任务目标

本任务的目标是在电子资料包提供的"index.html"网页中制作客户信息反馈表，完成后的最终效果如图 7-1 所示。通过练习掌握表单、文本字段、文本区域、单选按钮组、列表框和按钮等表单对象的添加与设置方法。

素材位置： 模块七\素材\company\index.html、"img"文件夹
效果图位置： 模块六\源文件\company\index.html、"img"文件夹

图 7-1　"客户信息反馈表"网页效果

本任务的具体目标要求如下：

（1）掌握表单的创建及表单动作和方法等属性的设置。

（2）掌握文本字段和文本区域的添加和设置。

（3）掌握单选按钮组和列表框的添加和设置。

（4）掌握提交按钮的添加和设置。

◆ 操作思路

本例的操作思路如图 7-2 所示，涉及的知识点主要有表单及包括文本字段、文本区域、单选按钮组、列表框和提交按钮在内的多种表单对象的创建和设置等。具体思路及要求如下：

（1）在提供的"index.html"网页中的第 2 个单元格中插入表单。

（2）对插入的表单进行属性设置。

（3）依次在表单中插入文本字段和文本区域等各种对象并进行适当设置。

①插入表单　　　　　　　②添加文本字段　　　　　　③添加其他表单对象

图 7-2　制作"客户信息反馈表"网页的操作思路

操作一　创建表单并设置表单属性

（1）打开电子资料包提供的"index.html"网页素材，将文本插入点定位到已有表格下方的单元格中，然后在插入栏中单击"表单"选项卡，并单击"表单"按钮，如图 7-3 所示。

（2）此时将在单元格中插入表单，并以红色的虚线边框表示，在属性检查器的"方法"下拉列表框中选择"POST"选项，如图 7-4 所示。

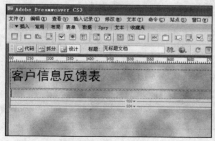

图 7-3　插入表单

图 7-4　设置表单"方法"属性

（3）在"动作"文本框中输入"mailto:admin@borui.com"，如图7-5所示。

图7-5 设置表单"动作"属性

 提示 只有位于表单标签中的表单对象，才能有效地向服务器提交信息，因此要创建一个完整的表单，首先应该插入表单标签。

操作二 添加并设置文本字段和文本区域

（1）将文本插入点定位到创建的表单区域中，单击插入栏中"表单"选项卡的"文本字段"按钮，如图7-6所示。

（2）打开"输入标签辅助功能属性"对话框，在"标签文字"文本框中输入"客户名称:"，单击"确定"按钮，如图7-7所示。

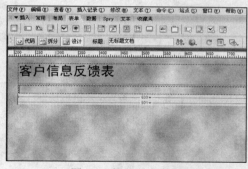

图7-6 插入文本字段

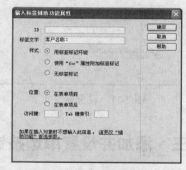

图7-7 设置标签文字

（3）选择插入的文本字段（白色区域），在属性检查器中将名称设置为"name"，字符宽度设置为"20"，如图7-8所示。

图7-8 设置文本字段属性

（4）将文本插入点定位到插入的文本字段右侧，按"Enter"键换行，如图 7-9 所示。

（5）单击插入栏中"表单"选项卡的"文本区域"按钮，如图 7-10 所示。

图 7-9　换行文本插入点　　　　　　　　　　　图 7-10　插入文本区域

（6）打开"输入标签辅助功能属性"对话框，在"标签文字"文本框中输入"反馈信息:"，单击"确定"按钮，如图 7-11 所示。

（7）选择插入的文本区域，在属性检查器中将名称设置为"content"，字符宽度设置为"50"，行数设置为"6"，如图 7-12 所示。

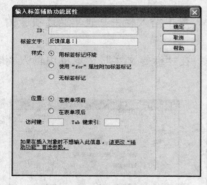

图 7-11　设置标签文字　　　　　　　　　　　图 7-12　设置文本区域属性

操作三　添加并设置单选按钮组

（1）将文本插入点定位到插入的文本区域右侧，按"Enter"键换行，单击插入栏中"表单"选项卡的"单选按钮组"按钮，如图 7-13 所示。

图 7-13　插入单选按钮组

（2）打开"单选按钮组"对话框，在"名称"文本框中输入"perform"，如图 7-14 所示。

（3）将下方列表框中的"标签"项和"值"项设置为如图 7-15 所示的内容，单击"确定"按钮。

图 7-14　设置单选按钮组名称　　　　图 7-15　设置各单选按钮的标签和值

（4）选择插入的"单位"单选按钮，在属性检查器中选中"初始状态"栏中的"已勾选"单选按钮，如图 7-16 所示。

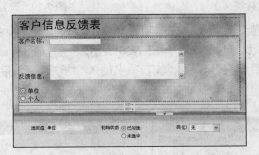

图 7-16　设置单选按钮组的初始状态

操作四　添加并设置下拉列表框

（1）将文本插入点定位到插入的单选按钮组右侧，按"Enter"键换行，单击插入栏中"表单"选项卡的"列表/菜单"按钮，如图 7-17 所示。

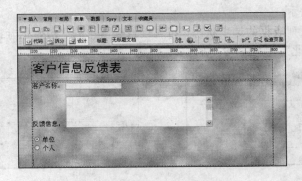

图 7-17　单击"列表/菜单"按钮

（2）打开"输入标签辅助功能属性"对话框，在"标签文字"文本框中输入"所在地区:"，单击"确定"按钮，如图 7-18 所示。

（3）选择创建的"列表/菜单"，单击属性检查器中的"列表值"按钮，如图 7-19 所示。

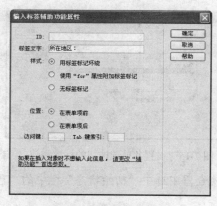

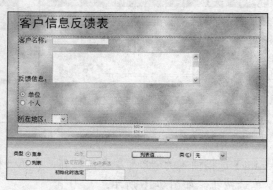

图 7-18　设置标签文字 　　　　　　　　图 7-19　设置列表值

（4）打开"列表值"对话框，在"项目标签"项和"值"项中均输入"东北"，然后单击对话框上方的"添加"按钮，如图 7-20 所示。

（5）继续在"项目标签"项和"值"项中输入"华东"，然后单击"添加"按钮，如图 7-21 所示。

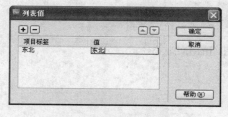

图 7-20　设置项目标签和值 　　　　　　图 7-21　添加项目标签和值

（6）使用相同的方法设置"项目标签"项和"值"项的其他数据，完成后单击"确定"按钮，如图 7-22 所示。

（7）保持下拉列表框的选中状态，将属性检查器中的"初始化时选定"下拉列表框中的选项设置为"华北"，如图 7-23 所示。

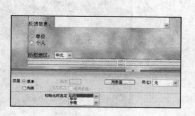

图 7-22　设置项目标签和值 　　　　　　图 7-23　设置初始化时的选定项目

174

操作五　添加并设置按钮

（1）将文本插入点定位到插入的下拉列表框右侧，按"Enter"键换行，单击插入栏中"表单"选项卡的"按钮"按钮□，如图7-24所示。

（2）打开"输入标签辅助功能属性"对话框，直接单击"确定"按钮，如图7-25所示。

图7-24　插入按钮

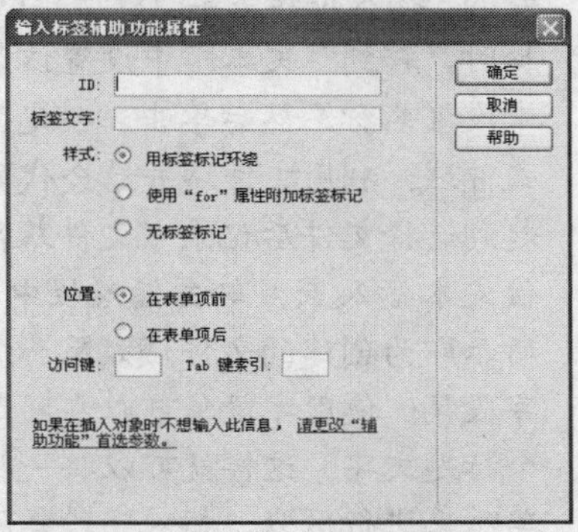

图7-25　"输入标签辅助功能属性"对话框

（3）选择插入的按钮，将属性检查器中的"值"文本框中的内容修改为"确认提交"，如图7-26所示。

（4）保持所创建网页的状态，按"F12"键预览效果，如图7-27所示。

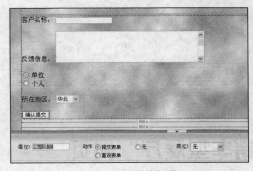
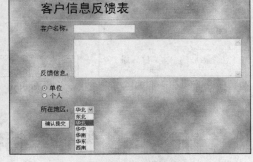

图7-26　设置按钮值

图7-27　预览效果

◆　学习与探究

本任务主要练习了在网页中使用表单的方法，其中主要对表单、文本字符、文本区域、单选按钮组、下拉列表框及按钮等表单对象的创建和设置进行了重点练习。除了这些表单对象之外，以下列举的对象也是较为常见的表单元素。下面将对文中没有涉及的表单对象进行简要介绍。

- 复选框：复选框常应用于在线调查和信息反馈等页面，通常供用户在多个可选项中做出多项选择，复选框可以成组出现，也可以单独出现，比如在用户登录邮箱时的一些附加设置项，如图7-28所示。插入复选框的方法是：在表单标签中定位文本插入点，单击插入栏中"表单"选项卡的"复选框"按钮☑，其属性检查器与单选按钮组类似。

- 跳转菜单：跳转菜单实际上是将普通菜单与脚本程序相结合而形成的一种特殊菜单，从外观表现形式上与普通菜单没有任何区别，但选择菜单中的某个菜单项时，页面会自动跳转到对应的目标 URL 地址。插入跳转菜单的方法是：在表单标签中定位文本插入点，单击插入栏中"表单"选项卡的"跳转菜单"按钮☑，在打开的"插入跳转菜单"对话框的"文本"文本框中设置菜单项的显示文本，在"选择时，转到"文本框中设置该菜单项对应的跳转页面 URL 地址，在"菜单名称"中设置名称，然后单击"确定"按钮即可。

- 文件域：利用文件域并结合代码可实现上传文件的功能，这里的文件域实际上只起到选择文件后记录下文件路径的作用。插入文件域的方法是：在表单标签中定位文本插入点，单击插入栏中"表单"选项卡的"文件域"按钮▣，如图 7-29 所示即为创建的文件域效果。

- 字段集：使用字段集可以在网页中显示圆角矩形方框，并在方框的右上角显示一个标题文字。这样就可以将一些相关的表单对象放置在一个字段集内，和其他表单对象进行区分。插入字段集的方法是：在表单标签中定位文本插入点，单击插入栏中"表单"选项卡的"字段集"按钮▢，在打开的对话框中设置字段集名称，关闭对话框后即可在其中添加其他表单对象，如图 7-30 所示即为创建的一个字段集效果。

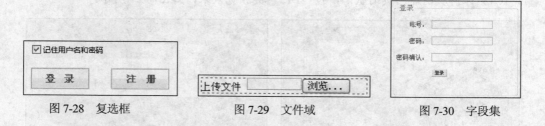

图 7-28　复选框　　　　　图 7-29　文件域　　　　　图 7-30　字段集

任务二　制作"畅销车型展厅"网页

◆ 任务目标

本任务的目标是利用交换图像行为和容器文本行为制作出最终效果为如图 7-31 所示的"畅销车型展厅"网页，以实现通过单击左侧缩略图即可在右侧显示相应大图及文本的交互效果。通过练习重点掌握上述两种常见行为的使用方法。

　　　　素材位置： 模块七\素材\car\index.html、"pic"文件夹
　　　　效果图位置： 模块六\源文件\car\index.html、"pic"文件夹

图 7-31　"畅销车型展厅"网页效果

本任务的具体目标要求如下：

（1）掌握交换图像行为的使用方法。

（2）掌握容器文本行为的使用方法。

◆　操作思路

本任务的操作思路如图 7-32 所示，涉及的主要知识点为"行为"面板的使用、交换图像行为的使用及容器文本行为的使用等。具体思路及要求如下：

（1）在提供的"index.html"网页中插入相应的图像。

（2）依次为左侧表格中的缩略图添加交换图像行为和容器文本行为。

①插入图像　　　　　　　　②添加交换图像行为　　　　　　③添加容器文本行为

图 7-32　制作"畅销车型展厅"网页的操作思路

操作一　添加交换图像行为

（1）打开提供的"index.html"网页，将文本插入点定位在白色边框表格的第 1 行单元格中，如图 7-33 所示。

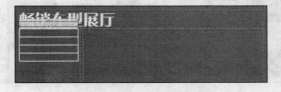

图 7-33　定位文本插入点

（2）将电子资料包提供的 "01.jpg" 图像文件插入到其中，如图 7-34 所示。

（3）依次在下方的 3 个单元格中插入电子资料包提供的 "02.jpg"、"03.jpg" 和 "04.jpg" 图像文件，如图 7-35 所示。

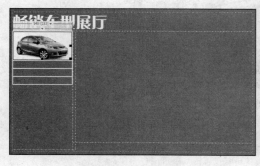
图 7-34　插入图像

图 7-35　插入图像

（4）在右侧的单元格中插入 "1.jpg" 图像文件，如图 7-36 所示。

（5）选择该图像，将属性检查器中的图形名称设置为 "big"，如图 7-37 所示。

图 7-36　插入图像

图 7-37　设置图像名称

（6）选择插入的 "01.jpg" 图像，然后选择【窗口】→【行为】菜单命令，如图 7-38 所示。

（7）打开 "行为" 面板，单击 "添加行为" 按钮 +，在弹出的下拉菜单中选择 "交换图像" 命令，如图 7-39 所示。

图 7-38　打开 "行为" 面板

图 7-39　选择需添加的行为命令

（8）打开"交换图像"对话框，在"图像"列表框中选择"图像 'big'"选项，单击下方的"浏览"按钮，如图 7-40 所示。

（9）打开"选择图像源文件"对话框，在其中选择"1.jpg"图像文件，单击"确定"按钮，如图 7-41 所示。

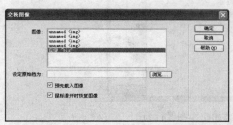
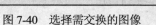

图 7-40 选择需交换的图像　　　　　　　　图 7-41 选择交换后的图像

（10）返回"交换图像"对话框，取消选中"鼠标滑开时恢复图像"复选框，单击"确定"按钮，如图 7-42 所示。

（11）此时"行为"面板中将出现添加的交换图像行为信息，单击"onMouseOver"所在栏完成行为的添加，如图 7-43 所示。

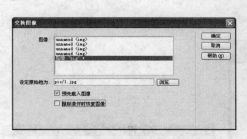

图 7-42 设置鼠标指针动作　　　　　　　　图 7-43 完成行为的添加

（12）此时该栏将变为下拉列表框的形式，单击出现的下拉按钮，如图 7-44 所示。

（13）在弹出的下拉列表中选择"onClick"选项，如图 7-45 所示。

图 7-44 单击下拉按钮　　　　　　　　图 7-45 选择事件

（14）按照相同的方法为其余缩略图设置动作为 "onClick" 的交换图像行为，交换的图像依次为 "2.jpg"、"3.jpg" 和 "4.jpg"，如图 7-46 所示。

图 7-46　为其他缩略图添加交换图像行为

操作二　添加容器文本行为

（1）选择第 1 张缩略图，单击 "行为" 面板中的 "添加行为" 按钮，在弹出的下拉菜单中选择【设置文本】→【设置容器的文本】菜单命令，如图 7-47 所示。

（2）打开 "设置容器的文本" 对话框，在 "容器" 下拉列表框中选择 "td'text'" 选项，如图 7-48 所示。

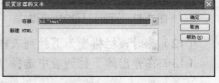

图 7-47　选择行为　　　　　　　　　　　　　　图 7-48　选择容器

提示　当网页中包含 AP Div 元素时，才可使用 "设置容器文本" 行为，这里在 "设置容器的文本" 对话框中选择的选项便是提供的网页中已存在的 Div 标签。

（3）在 "新建 HTML" 文本框中输入交换图像时一并显示的文本内容，完成后单击 "确定" 按钮，如图 7-49 所示。

（4）此时 "行为" 面板中将显示添加的行为，如图 7-50 所示。

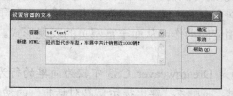

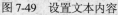

图 7-49 设置文本内容

图 7-50 成功添加行为

（5）使用相同的方法为其余缩略图添加容器文本行为，如图 7-51 所示。

（6）保存设置的网页，按"F12"键预览效果，此时单击左侧第 3 幅缩略图时，右侧将显示相应的大图及对应的文本，如图 7-52 所示。

图 7-51 为其他缩略图添加容器文本行为

图 7-52 预览效果

◆ **学习与探究**

本任务主要练习了在网页中使用交换图像行为和容器文本行为的方法。行为实际上是由事件和动作相结合而构成的，事件是动作的原因，而动作是事件的直接结果，事件可以是用户对页面元素的一个操作，比如单击鼠标或按键盘上的某个按键等；也可以是由浏览器的某个状态或网页程序的某种操作引起的，如载入页面的事件，网页程序要关闭当前页面的事件等。为了更好地掌握行为的使用，以丰富网页的表现形式，下面对行为的一些常见操作进行介绍，并列举一些常见行为的使用方法。

1. 编辑和删除行为

除添加行为之外，编辑和删除行为是对行为的另外两种常见操作，下面做简要介绍。

● 编辑行为：编辑行为分为编辑事件和编辑动作两种情况，在"行为"面板中单击已有行为选项的左侧部分，然后单击下拉按钮，在弹出的下拉列表中即可选择需要的事件；而在已有行为选项的右侧部分单击鼠标右键，在弹出的快捷菜单中选择"编辑行为"命令，即可在打开的对话框中对行为进行重新编辑。

● 删除行为：在"行为"面板中选择需删除的行为选项，单击"删除行为"按钮 —或在已有行为选项的右侧部分单击鼠标右键，在弹出的快捷菜单中选择"删除行为"命令均可删除所选行为。

2. 常见行为举例

Dreamweaver CS3 中预定义了丰富的行为,使用时只需在这些行为中选择需要的行为,并进行相应设置,然后将其定义到某个具体的网页对象上即可。当访问者的操作引起了定义该行为的网页元素的对应事件后,就会触发相应的动作,从而丰富网页的表现形式。下面对一些常见的行为进行介绍。

- "弹出信息"行为: "弹出信息"行为是 Dreamweaver CS3 中较为简单的行为之一,其功能是当设定的网页事件发生时,将触发"弹出提示信息对话框"的动作。使用该行为的方法为: 在"行为"面板中单击"添加行为"按钮 +,在弹出的下拉菜单中选择"弹出信息"命令,并在打开的对话框中进行设置即可。

- "拖动 AP 元素"行为: "拖动 AP 元素"行为的控制功能非常丰富,可以实现在规定范围内拖动 AP 元素,在 AP 元素移动到靠近目标位置一定范围内时自动实现靠齐停靠,以及用户自定义拖动行为的鼠标操作有效区域等功能,常用于网络空间或博客的自定义设置功能。使用该行为的方法为: 在"行为"面板中单击"添加行为"按钮 +,在弹出的下拉菜单中选择"拖动 AP 元素"命令,然后在打开的对话框中指定拖动的 AP 对象,并设置其他参数即可。

- 效果类行为: 效果类行为包括"增大/收缩"效果行为、"滑动"效果行为、"显示/渐隐"效果行为等,这里行为的特点是丰富页面的视觉呈现效果。它们的使用方法都很简单,只需在"行为"面板中单击"添加行为"按钮 +,在弹出的下拉菜单中选择相应的效果行为命令,并在打开的对话框中指定对象并进行其他参数设置即可。

实训一 制作"用户登录"网页

◆ 实训目标

本实训将进行"用户登录"页面表单的创建,最终效果如图 7-53 所示。其中将主要涉及插入表单、表格、文本区域和图像域等表单对象操作。通过练习重点巩固表单的创建与设置,以及进一步掌握文本区域和图像域的创建和使用方法。

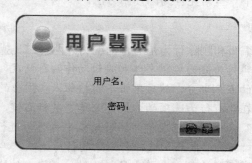

图 7-53 "用户登录"网页的最终效果

素材位置：模块七\素材\degnlu\bg.jgp、dl.png

效果图位置：模块七\源文件\degnlu\index.html、bg.jgp、dl.png

◆ **实训分析**

本实训的制作思路如图 7-54 所示，具体分析及思路如下。

（1）新建空白网页，并在其中创建宽度为"400"，行数和列数均为"1"的表格，然后利用属性检查器将表格的背景设置为电子资料包中提供的"bg.jpg"图像文件。

（2）在插入的表格中插入表单，并对表单的动作和方法属性进行设置。

（3）在表单中插入 4 行 3 列的表格，并对表格进行适当调整。

（4）在第 2 行第 2 列单元格中插入名称为"用户名："的文本区域表单对象，在第 3 行第 2 列单元格中插入名称为"密码："、最多字符数为"6"、类型为"密码"的文本区域表单对象，在第 4 行第 2 列单元格中插入图像域，图像文件为电子资料包提供的"dl.png"图像，最后保存网页并预览效果。

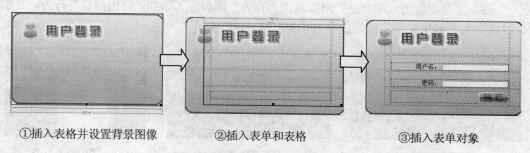

①插入表格并设置背景图像　　②插入表单和表格　　③插入表单对象

图 7-54　制作"用户登录"网页的操作思路

实训二　制作"脑筋急转弯"网页

◆ **实训目标**

本实训将利用行为制作具有交互功能的"脑筋急转弯"网页，以实现将鼠标指针移至"答案"按钮上时按钮发生变化，单击按钮即可弹出相应的答案信息对话框的效果，最终效果如图 7-55 所示。通过实训重点练习交换图像行为和弹出信息行为的使用方法。

图 7-55　"脑筋急转弯"网页的最终效果

素材位置：模块七\素材\njjzw\01.jgp、02.png
效果图位置：模块七\源文件\njjzw\index.html、01.jgp、02.png

◆ 实训分析

本实训的制作思路如图 7-56 所示，具体分析及思路如下。

（1）新建空白网页，设置背景颜色为"#6C6461"。

（2）插入 3 行 3 列的表格，并调整各行各列的大小，然后将第 2 行第 1 列、第 1 行第 2 列和第 3 行第 3 列的单元格背景颜色设置为"#CCCCCC"。

（3）在第 1 行第 1 列单元格中输入标题并设置格式；在第 2 行第 2 列单元格中输入脑筋急转弯的题目内容并设置格式；在第 3 行第 2 列单元格中插入"01.jpg"图像，并调整大小，设置其对齐方式为"右对齐"，然后将图像名称命名为"answer"。

（4）选择图像，利用"行为"面板为其添加交换图像的行为，其中在"交换图像"对话框中选择"answer 图像"对应的选项，设置原始档图像为"02.jpg"，并选中两个复选框。

（5）保存图像的选中状态，继续利用"行为"面板为其添加"弹出信息"行为，其中信息内容参见效果文件。最后保存并预览网页。

①设置背景颜色并插入表格　　　②输入并设置表格内容　　　③为图像添加行为

图 7-56　制作"脑筋急转弯"网页的操作思路

实践与提高

根据本模块所学内容，动手完成以下实践内容。

练习 1　创建"用户注册"网页

本练习将新建空白网页，然后在其中插入 1 行 1 列的表格，并为其设置"bg.jgp"图像作为背景，然后在单元格中插入表单并设置表单动作和方法，接着在表单中插入 7 行 3 列的表格并进行大小调整，然后在各单元格中分别插入文本区域、单选按钮组、列表框和复选框等表单对象，最后插入图像作为按钮，并为其应用交换图像和弹出信息行为。最终效果如图 7-57 所示。

 素材位置：模块七\素材\zhuce\bg.jgp、01.jpg、02.jpg
效果图位置：模块七\源文件\zhuce\index.html、bg.jgp、01.jpg、02.jpg

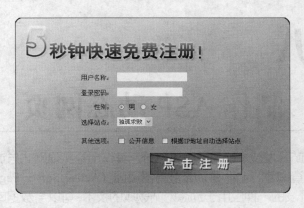

图 7-57　制作的"用户注册"网页效果

练习 2　Dreamweaver 扩展管理器的使用

扩展又被称为插件，它可以将用于实现某种特定页面功能或某种特效的复杂操作过程集成起来，当用户安装后，只需要按照简单的设置步骤进行操作就可以实现特定的功能或特效。Dreamweaver CS3 的扩展文件格式为".mxp"，通过 Internet 可以获得大量的扩展资源，将这些扩展文件下载后，经过简单安装即可使用。

Dreamweaver CS3 中常用的扩展分为"命令"（Command）、"对象"（Object）和"行为"（Behavior）3 种类型。"命令"用于在网页编辑过程中实现某项特定的设置功能，"对象"用于在网页中插入网页元素，"行为"用于在网页中实现某种动态的交互效果。不同的扩展安装到 Dreamweaver CS3 中后，将按照其类型被放置在不同的位置。"命令"类扩展通常被放置在"命令"菜单项中，"对象"类扩展通常被放置在插入菜单栏中，"行为"类扩展则通常被放置在"行为"面板中。使用时只需在对应的位置选择执行扩展的命令或单击打开扩展功能的按钮即可。

扩展管理器的使用方法为：选择【帮助】→【扩展管理】菜单命令或【命令】→【扩展管理】菜单命令，打开扩展管理器的窗口，如图 7-58 所示。单击"安装新扩展"按钮可打开"选取要安装的扩展"对话框，在其中可选择扩展文件进行安装；单击"移除扩展"按钮可删除"已安装的扩展"列表框中已选择的某个扩展；选中"扩展开关"栏下的复选框可控制对应的扩展是否生效。

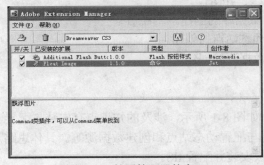

图 7-58　扩展管理器的窗口

185

模块八

制作 ASP 动态网页

、   动态网页是网站开发技术的重要组成部分，其作用是实现网站与访问者之间的交互，如用户注册和信息查询等。ASP 是动态服务器页面（Active Server Page）的英文缩写，它是 Microsoft 公司开发的一种应用于动态网站领域的技术，可以与数据库和其他程序进行交互，是一种简单且方便的编程工具。由于 ASP 简单易学且具有对服务器要求较低等特点，使得其成为很多初学者进行动态网站开发的首选对象。下面将详细介绍制作 ASP 动态网页的各种准备工作和动态网页的制作方法。

学习目标

📖   了解 IIS 的安装与配置方法。

📖   了解并熟悉 Access 数据库、动态站点和数据源的创建。

📖   熟悉并掌握动态表格、动态文本、重复区域和记录集导航状态的创建。

📖   熟悉并掌握记录集导航条的插入，以及转到详细页面超级链接的创建。

📖   掌握记录的插入、更新和删除操作。

任务一   制作 ASP 动态网页的准备工作

◆ 任务目标

本任务的目标是熟悉制作 ASP 动态网页之前的各种必要的准备工作，通过练习掌握 IIS 的安装与配置、Access 数据库的创建、动态站点的创建与配置及数据源的创建等操作。

本任务的具体目标要求如下：

（1）了解 IIS 的安装与配置。

（2）熟悉 Access 数据库的创建。

（3）了解并熟悉动态站点的创建。

（4）了解并熟悉数据源的创建。

◆ 操作思路

本任务的操作思路如图 8-1 所示，涉及的知识点有安装与配置 IIS、利用 Access 2003 制作数据库表格、创建与配置动态站点和创建数据源等。具体思路及要求如下：

（1）通过控制面板安装并配置 IIS。

（2）利用 Access 2003 制作数据库表格。

（3）利用 Dreamweaver CS3 创建与配置动态站点。

（4）创建数据源。

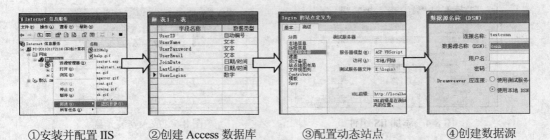

① 安装并配置 IIS　　② 创建 Access 数据库　　③ 配置动态站点　　④ 创建数据源

图 8-1　制作 ASP 动态网页前准备工作的操作思路

操作一　安装与配置 IIS

（1）选择【开始】→【控制面板】菜单命令打开"控制面板"窗口，双击其中的"添加或删除程序"图标 ，如图 8-2 所示。

（2）打开"添加或删除程序"窗口，单击窗口左侧的"添加/删除 Windows 组件"按钮 ，如图 8-3 所示。

图 8-2　添加程序　　　　　　　　　　图 8-3　添加 Windows 组件

> **提示** 若打开的"控制面板"窗口中显示的内容与图 8-2 不同，可单击窗口左侧的"切换到经典视图"超级链接更改显示模式。

（3）在打开的对话框中选中"Internet 信息服务（IIS）"复选框，单击"下一步"按钮，如图 8-4 所示。

（4）打开提示对话框，将 Windows XP 的安装光盘放入光驱，然后单击"确定"按钮，如图 8-5 所示。

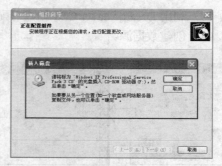

图 8-4　添加 IIS 组件　　　　　　　　　　图 8-5　放入安装光盘

（5）此时系统开始安装 IIS 组件，并在打开的对话框中显示安装进度，如图 8-6 所示。

（6）安装进度完成后在打开的对话框中单击"完成"按钮，如图 8-7 所示。

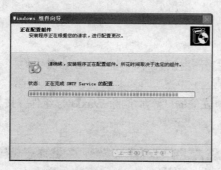

图 8-6　安装组件　　　　　　　　　　　图 8-7　完成组件的安装

（7）再次打开"控制面板"窗口，在其中双击"管理工具"图标，如图 8-8 所示。

（8）在打开的窗口中双击"Internet 信息服务"图标，如图 8-9 所示。

图 8-8　打开管理工具　　　　　　　　　图 8-9　打开 Internet 信息服务

（9）打开"Internet 信息服务"窗口，展开左侧的"网站"选项，在"默认网站"选项上单击鼠标右键，在弹出的快捷菜单中选择【新建】→【虚拟目录】菜单命令，如图 8-10 所示。

（10）打开"虚拟目录创建向导"对话框，单击"下一步"按钮，如图 8-11 所示。

图 8-10　新建虚拟目录

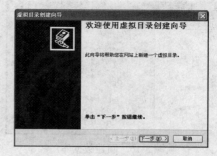

图 8-11　"虚拟目录创建向导"对话框

（11）在打开的对话框中的"别名"文本框中输入站点别名，这里输入"login"，单击"下一步"按钮，如图 8-12 所示。

（12）在打开的对话框中的"目录"文本框中输入站点位置，这里输入"E:\login"（需确保该路径中已存在同名文件夹），单击"下一步"按钮，如图 8-13 所示。

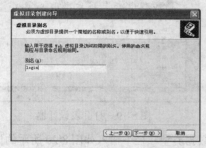

图 8-12　输入站点别名

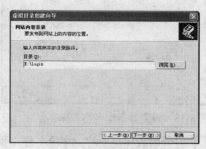

图 8-13　设置站点位置

（13）在打开的对话框中采用默认设置，直接单击"下一步"按钮，如图 8-14 所示。

（14）在打开的对话框中单击"完成"按钮完成虚拟目录的创建，如图 8-15 所示。

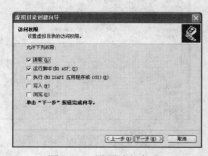

图 8-14　设置访问权限

图 8-15　完成创建

操作二　创建 Access 数据库

（1）启动 Microsoft Access 2003，选择【文件】→【新建】菜单命令，如图 8-16 所示。

（2）在窗口右侧的任务窗格中单击"空数据库"超级链接，如图 8-17 所示。

图 8-16　新建数据库

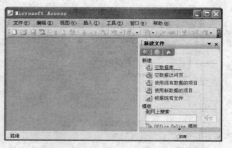

图 8-17　新建空白数据库

（3）在打开的"文件新建数据库"对话框的"文件名"文本框中输入数据库名称，这里输入"userinfo"，并设置其保存位置，然后单击"创建"按钮，如图 8-18 所示。

（4）在打开的窗口中单击上方的"设计"按钮，如图 8-19 所示。

图 8-18　设置数据库名称和保存位置

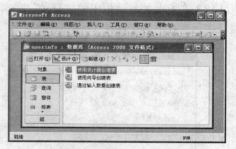

图 8-19　打开表设计器

（5）在打开的表窗口中的"字段名称"和"数据类型"栏下输入如图 8-20 所示的信息。

（6）按照相同的方法输入如图 8-21 所示的信息，创建出表的结构。

图 8-20　设置表结构

图 8-21　设置表结构

（7）在"UserID"项上单击鼠标右键，在弹出的快捷菜单中选择"主键"命令，如图 8-22 所示。

（8）此时"UserID"项左侧将出现钥匙标记，表示该项为主键项。按"Ctrl+S"组合键打开"另存为"对话框，在"表名称"文本框中输入"user"，单击"确定"按钮完成数据库和表的创建，如图 8-23 所示。

图 8-22　创建主键　　　　　　　　　　　图 8-23　保存表

操作三　创建与配置动态站点

（1）启动 Dreamweaver CS3，选择【站点】→【新建站点】菜单命令，如图 8-24 所示，在打开的对话框中单击"高级"选项卡。

（2）在"站点名称"文本框中输入"login"，在"本地根文件夹"文本框中输入"E:\login\"，在"HTTP 地址"文本框中输入"http://localhost/login/"，如图 8-25 所示。

图 8-24　新建站点　　　　　　　　　　　图 8-25　设置站点本地信息

（3）在"分类"列表框中选择"测试服务器"选项，然后在"服务器模型"下拉列表框中选择"ASP VBScript"选项，在"访问"下拉列表框中选择"本地/网络"选项，在"URL 前缀"文本框中输入"http://localhost/login/"，单击"确定"按钮，如图 8-26 所示。

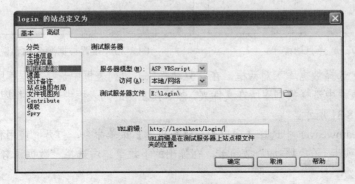

图 8-26　设置站点测试服务器

操作四　创建数据源

（1）利用控制面板打开"管理工具"窗口，在其中双击"数据源（ODBC）"图标，如图 8-27 所示。

（2）打开"ODBC 数据源管理器"对话框，单击"系统 DSN"选项卡，然后单击"添加"按钮，如图 8-28 所示。

图 8-27　打开数据源工具

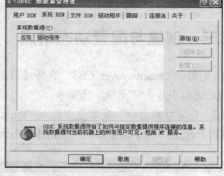

图 8-28　添加数据源

（3）打开"创建新数据源"对话框，在其中的列表框中选择第 2 个选项，单击"完成"按钮，如图 8-29 所示。

（4）在打开的对话框中设置数据源名称和说明信息，然后单击"选择"按钮，如图 8-30 所示。

图 8-29　选择驱动程序

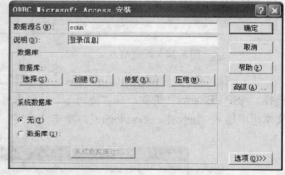

图 8-30　设置数据源名称和说明信息

（5）打开"选择数据库"对话框，在"驱动器"下拉列表框中选择数据库所在盘符，在上方的"目录"列表框中选择数据库所在文件夹，然后在左侧的列表框中选择数据库，最后单击"确定"按钮，如图 8-31 所示。

（6）在 Dreamweaver 中选择【窗口】→【数据库】菜单命令，打开"应用程序"面板，单击"数据库"选项卡下的"添加"按钮，在弹出的下拉菜单中选择"数据源名称（DSN）"命令，如图 8-32 所示。

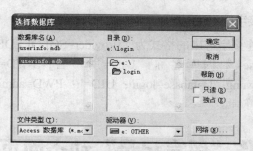

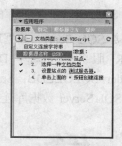

图 8-31　选择数据库

图 8-32　连接数据源

（7）打开"数据源名称（DSN）"对话框，在"连接名称"文本框中设置数据源的连接名称，在"数据源名称（DSN）"下拉列表框中选择创建的数据源，单击"确定"按钮，如图 8-33 所示。

（8）关闭对话框后，在"应用程序"面板的"数据库"选项卡中即可看到创建的数据源，展开该数据源下的"表"选项，即可看到前面在 Access 中创建的"user"表，如图 8-34 所示。

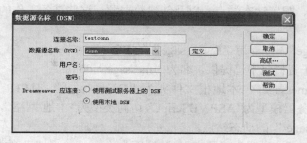

图 8-33　设置数据源连接名称

图 8-34　成功创建数据源

◆ **学习与探究**

本任务主要练习了制作 ASP 动态网页之前需要做好的准备工作，包括安装并配置 IIS、创建数据库、创建并配置动态站点和创建数据源等操作。其中在创建数据源时利用了系统中自带的"数据源（ODBC）工具"进行创建，实际上还可通过连接字符串快速创建，下面将对这种方法进行简要介绍。

不同的数据库其连接字符串是不同的，下面以最常用的 Access 与 SQL Server 数据库为例介绍其相应的连接字符串的使用方法。

1．Access 数据库的连接字符串

Access 数据库的连接字符串的格式为："Driver={Microsoft Access Driver (*.mdb)}；UID=用户名；PWD=用户密码；DBQ=数据库路径"，其中数据库路径常使用相对于网站根目录的虚拟路径，因此可写为""Driver={Microsoft Access Driver (*.mdb)};UID=用户名；PWD=用户密码;DBQ="& server.mappath("数据库路径")"，如""Driver={Microsoft Access Driver (*.mdb)}；UID=guest；PWD=123456；DBQ="& server.mappath("login.asa")"就是一个合法的 Access 连接字符串。另外，如果 Access 数据库没有密码，则可以省略 UID 和 PWD，其写法为""Driver={Microsoft Access Driver (*.mdb)}；DBQ="& server.mappath ("login.asa")"。

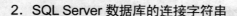

2. SQL Server 数据库的连接字符串

连接 SQL Server 数据库的连接字符串的格式为"Provider=SQLOLEDB;Server=SQL SERVER 服务器名称；Database=数据库名称；UID=用户名；PWD=密码"。如"Provider=SQLOLEDB；Server=wang；Database=login；UID=li；PWD=admin"就是一个合法的 SQL Server 数据库连接字符串。

任务二 制作"留言记录"动态网页

◆ 任务目标

本任务的目标是通过创建记录集、插入记录、添加重复区域和设置记录集分页等操作制作出最终效果如图 8-35 所示的"留言记录"网页。需要注意的是，要完成本任务需首先配置 IIS、创建 Access 数据库、配置动态站点，以及创建数据源。这些准备工作的具体要求如下：

（1）配置别名为"message"、位置为"E:\message"的 IIS。

（2）Access 数据库在电子资料包中已提供，名为"message.mdb"。

（3）配置站点名称为"message"，本地根文件夹为"E:\message\"，HTTP 地址为"http://localhost/message/"，服务器模型为"ASP VBScript"，访问类型为"本地/网络"，"URL 前缀"为"http://localhost/message/"的动态站点。

（4）创建数据源名为"mes"，说明为"留言"，数据库为"message.mdb"的数据源。

完成以上准备工作后，便可利用电子资料包提供的素材进行本任务的操作。

 素材位置： 模块八\素材\message\message.asp、message.mdb…
效果图位置： 模块八\源文件\message\message.asp、message.mdb…

网友留言记录一览		
网友名称	留言内容	留言时间
我不知道	和谐社会，顶上！	2010-11-13 11:10:06
三叔不是我	切！吃咸点、看淡点。	2010-10-22 19:08:22
山高皇帝远	确实悲哀，但比我好~	2010-10-13 22:08:40
虫飞飞	同意	2010-10-4 19:04:19
	前一页	下一页

网友留言记录一览		
网友名称	留言内容	留言时间
心比天高	呵呵，有趣！	2010-9-15 12:30:11
草上漂	我很同情他们。	2010-8-22 9:05:50
	前一页	下一页

图 8-35 "留言记录"动态网页的最终效果

本任务的具体目标要求如下：

（1）建立记录集。

（2）插入记录集中的记录。

（3）建立重复区域。

（4）设置记录集分页显示功能。

◆ 操作思路

本任务的操作思路如图 8-36 所示，涉及的主要知识点为记录集的创建、插入记录、重复区域的添加，以及记录集分页的设置。具体思路及要求如下：

（1）利用已创建的数据源建立记录集。

（2）在提供的 ASP 网页中插入记录集中的记录。

（3）为插入的记录建立重复区域。

（4）为动态网页设置记录集分页显示功能。

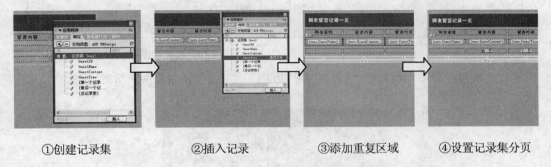

①创建记录集   ②插入记录   ③添加重复区域   ④设置记录集分页

图 8-36 制作"留言记录"动态网页的操作思路

操作一 创建记录集

（1）将电子资料包提供的"message.asp"网页文件和"message.mdb"数据库文件复制到计算机中的"E:\message"文件夹下，打开"message.asp"文件，选择【窗口】→【数据库】菜单命令打开"应用程序"面板，如图 8-37 所示，单击"绑定"选项卡。

（2）单击"添加"按钮，在弹出的下拉菜单中选择"记录集（查询）"命令，如图 8-38 所示。

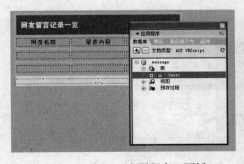

图 8-37 打开"应用程序"面板

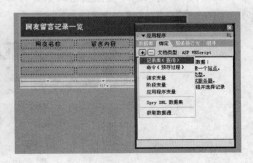

图 8-38 绑定记录集

（3）打开"记录集"对话框，在"名称"文本框中输入"mes"，在"连接"下拉列表框中选择"message"选项，如图 8-39 所示。

（4）选中"全部"单选按钮，在"排序"下拉列表框中选择"GuestTime"选项，在右侧的下拉列表框中选择"降序"选项，单击"确定"按钮，如图 8-40 所示。

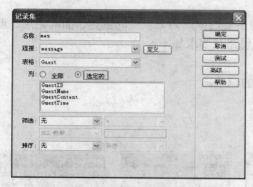

图 8-39　创建记录集　　　　　图 8-40　设置排序字段和排序方式

（5）此时"绑定"选项卡中将显示绑定的所有记录集字段，如图 8-41 所示。

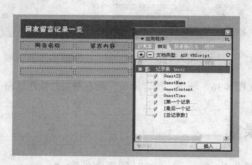

图 8-41　创建好的记录集

操作二　插入记录

（1）将文本插入点定位在表格的第 3 行第 1 列中，选择"绑定"选项卡中的"GuestName"选项，单击"插入"按钮，如图 8-42 所示。

图 8-42　插入记录

（2）此时单元格中将显示插入的记录集中的所选字段，如图 8-43 所示。

（3）将文本插入点定位在表格的第 3 行第 2 列中，选择"绑定"选项卡中的"GuestContent"选项，单击"插入"按钮，如图 8-44 所示。

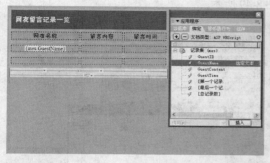
图 8-43　插入的记录

图 8-44　插入记录

（4）此时单元格中将显示插入的记录集中的所选字段，如图 8-45 所示。

（5）使用相同的方法将"GuestTime"字段插入到表格的第 3 行第 3 列单元格中，如图 8-46 所示。

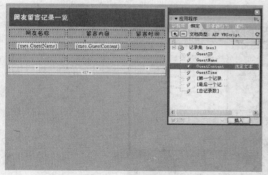
图 8-45　插入的记录

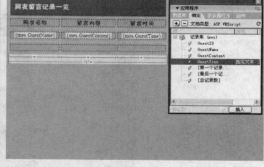
图 8-46　插入记录

操作三　添加重复区域

（1）将鼠标指针移至表格的第 3 行单元格左侧，当其变为向右的黑色实心箭头时单击鼠标，以选择该行的所有单元格，如图 8-47 所示。

图 8-47　选择整行单元格

197

（2）单击"应用程序"面板中的"服务器行为"选项卡，单击"添加"按钮⊞，在弹出的下拉菜单中选择"重复区域"命令，如图 8-48 所示。

（3）打开"重复区域"对话框，在"记录集"下拉列表框中选择"mes"选项，选中"记录"单选按钮，并在其中的文本框中输入"4"，如图 8-49 所示。

图 8-48　添加重复区域　　　　　图 8-49　设置引用的记录集和显示记录的数量

（4）此时所选单元格左上方将出现"重复"字样，表示所选单元格已成功添加了重复区域，如图 8-50 所示。

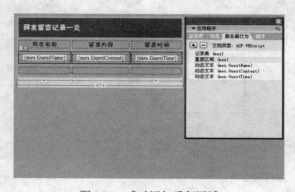

图 8-50　成功添加重复区域

操作四　设置记录集分页

（1）将文本插入点定位在第 4 行第 2 列单元格中，在"服务器行为"选项卡中单击"添加"按钮⊞，在弹出的下拉菜单中选择【记录集分页】→【移至前一条记录】菜单命令，如图 8-51 所示。

（2）打开"移至前一条记录"对话框，默认"链接"下拉列表框中所选选项的设置，在"记录集"下拉列表框中选择"mes"选项，单击"确定"按钮，如图 8-52 所示。

（3）此时单元格中将插入"移至前一条记录"的超级链接。将文本插入点定位在第 4 行第 3 列单元格中，在"服务器行为"选项卡中单击"添加"按钮⊞，在弹出的下拉菜单中选择【记录集分页】→【移至下一条记录】菜单命令，如图 8-53 所示。

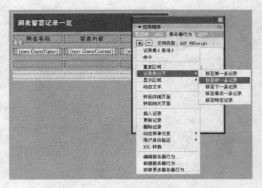

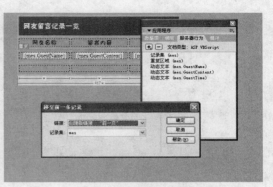

图 8-51　选择【移至前一条记录】命令　　　　　图 8-52　设置链接和记录集

（4）打开"移至下一条记录"对话框，保持默认"链接"下拉列表框中的所选选项，在"记录集"下拉列表框中选择"mes"选项，单击"确定"按钮，如图 8-54 所示。

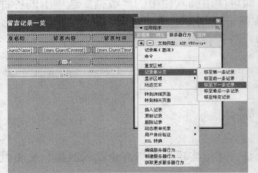

图 8-53　选择【移至下一条记录】命令　　　　　图 8-54　设置链接和记录集

（5）此时单元格中即可插入"移至下一条记录"的超级链接，如图 8-55 所示。

图 8-55　插入的超级链接

（6）保持设置的网页，按"F12"键预览，此时将自动调取数据库中的信息并显示出来，如图 8-56 所示。

（7）单击"下一页"按钮将自动显示下一页的内容，如图 8-57 所示。

图 8-56　预览效果

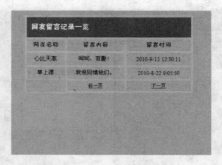

图 8-57　分页显示留言记录

◆ 学习与探究

本任务主要练习了在动态网页中创建记录集、插入记录、添加重复区域及设置记录集分页等常见的操作。实际上在创建好记录集后即可使用插入栏中的"数据"选项卡的各种功能按钮，如图 8-58 所示，达到不用手动编程就可以制作出功能强大的动态页面的目的。下面将对该选项卡中的部分常用按钮的作用进行简要介绍。

图 8-58　"数据"选项卡

- "记录集"工具：创建记录集。
- "命令"工具：打开"命令"对话框，可以实现在数据库中插入数据、更新数据和删除数据。
- "动态数据"工具：在页面中插入显示动态数据的对象，包括动态表格、动态文本、动态文本字段、动态复选框、动态单选按钮组和动态选择列表等工具。
- "重复区域"工具：创建重复区域，以显示记录集中的多条记录或全部记录。
- "显示区域"工具：插入根据某个条件来确定是否显示的区域，包括"如果记录集为空则显示"、"记录集不为空则显示"、"如果是第一页则显示"、"如果不是第一页则显示"、"如果是最后一页则显示"和"如果不是最后一页则显示"等多个工具。
- "记录集分页"工具：对分页显示的记录集进行导航，包括"记录集导航条"、"移至第一条记录集"、"移至前一条记录集"、"移至下一条记录"、"移至最后一条记录"和"移至特定记录"等多个工具。
- "转到详细（相关）页面"工具：包括"转到详细页面"和"转到相关页面"两个工具，可创建调整到详细页面或相关页面的超级链接。
- "记录集导航状态"工具：创建显示当前的记录数和总记录数的状态栏。
- "插入记录"工具：在数据库中插入数据，包括"插入记录表单向导"和"插入记录"两个工具。
- "更新记录"工具：对数据库中的数据进行更新，包括"更新记录表单向导"

200

和"更新记录"两个工具。
- "删除记录"工具 ：删除数据库中的记录。

实训一 制作"用户信息"动态网页

◆ 实训目标

本实训将制作"用户信息"动态页面，最终效果如图 8-59 所示。本实训主要涉及 IIS 的配置、Access 数据库的创建、动态站点的配置、数据源的连接、记录集的创建、记录的插入、重复区域的添加、记录集导航状态，以及记录集导航条的添加等操作。通过本实训，可以在巩固书中介绍的操作之外，进一步熟练掌握记录集导航状态和导航条的添加方法。

 效果图位置：模块八\源文件\info\info.asp、info.mdb…

用户详细信息

编号	姓名	性别	年龄	电子邮件地址	联系电话
5	marry	1	25	marry888@sina.com	36521487
6	joy	0	21	joy@yahoo.com	85236524
7	tom	0	34	tom133@sina.com	56498744
8	andy	0	26	andylee@qq.com	68885412

第一页　前一页　下一页　最后一页　　　记录 5 到 8　总共 13

图 8-59 "用户信息"网页的最终效果

◆ 实训分析

本实训的制作思路如图 8-60 所示，具体分析及思路如下。

（1）配置别名为"info"、位置为"E:\info"的 IIS。

（2）创建名为"info"的 Access 数据库并在其中创建"info"表，字段名称包括"ID"、"Name"、"Sex"、"Age"、"Email"和"Tel"。其中"ID"字段自动编号且设为主键、"Sex"、"Age"和"Tel"为数字类型，其余字段为文本类型，并输入各条记录（参见电子资料包效果中的数据库文件）。

（3）配置站点名称为"info"，本地根文件夹为"E:\info\"，HTTP 地址为"http://localhost/info/"，服务器模型为"ASP VBScript"，访问类型为"本地/网络"，"URL 前缀"为"http://localhost/info/"的动态站点。

（4）创建数据源名为"info"，说明为"用户信息"，数据库为"info.mdb"的数据源。

（5）新建并保存"info.asp"动态网页文件，利用"应用程序"面板的绑定功能建立名称为"info"，连接为"info"，排序为"ID"的记录集。

（6）设置网页背景颜色为"#FFCCFF"，然后创建 4 行 6 列的表格，合并第 1 行单元格，在其中输入标题文本，并参考效果文件设置文本格式。

（7）在第 2 行各单元格中依次输入"编号"、"姓名"、"性别"、"年龄"、"电子邮件地址"和"联系电话"，并设置文本格式。

（8）在第 3 行各单元格中依次插入绑定好的记录集中相应的字段，然后将第 3 行设置为重复区域。

（9）合并最后一行单元格，在其中利用"数据"选项卡中的"记录集导航条"按钮 <&> 和"记录集导航状态"按钮 123456，并将相应的英文文本更改为中文文本。

（10）保存并预览网页效果。

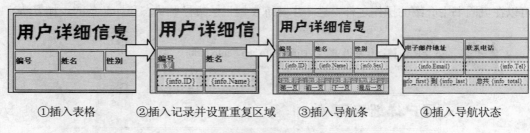

①插入表格　　②插入记录并设置重复区域　　③插入导航条　　④插入导航状态

图 8-60　制作"用户信息"网页的操作思路

实训二　制作"用户注册"动态网页

◆ 实训目标

本实训将制作"用户注册"动态页面，最终效果如图 8-61 所示。其中将主要涉及记录集的连接及"插入记录表单向导"的使用，通过这些操作达到将动态网页中输入的注册信息及时收集到数据库的目的。本实训最大的特点是利用了书中没有介绍的"插入记录表单向导"功能，借助此功能可轻松实现将信息收集到数据库的目的，且简单易学。

素材位置： 模块八\素材\reg\reg.asp、active.asp、reg.mdb…
效果图位置： 模块八\源文件\reg\reg.asp、active.asp、reg.mdb…

图 8-61　"用户注册"动态网页的最终效果

◆ 实训分析

本实训的制作思路如图 8-62 所示，具体分析及思路如下。

（1）配置别名为"reg"、位置为"E:\reg"的 IIS。

（2）Access 数据库直接利用电子资料包提供的"reg.mdb"文件。

（3）配置站点名称为"reg"，本地根文件夹为"E:\reg\"，HTTP 地址为"http://localhost/reg/"，服务器模型为"ASP VBScript"，访问类型为"本地/网络"，"URL 前缀"为"http://localhost/reg/"的动态站点。

（4）创建数据源名为"reg"，说明为"注册信息"，数据库为"reg.mdb"的数据源。

（5）打开电子资料包提供的"reg.asp"素材，利用"应用程序"面板的绑定功能建立名称为"reg"，连接为"reg"，排序为"regID"的记录集。

（6）将文本插入点定位在表格的第 2 行单元格中，单击"数据"选项卡中的"插入记录表单向导"按钮，在打开的对话框中进行设置。

（7）选择"提交"按钮，将名称修改为"确认注册"，将"密码："对应的文本区域表单对象设置为"密码"类型，并适当调整插入表单的对齐方式和间距。

（8）保存网页并预览，输入相应的注册信息后单击"确认注册"按钮即可跳转到指定的网页，且此时"reg.mdb"数据库中的表格将同步收集到输入的数据。

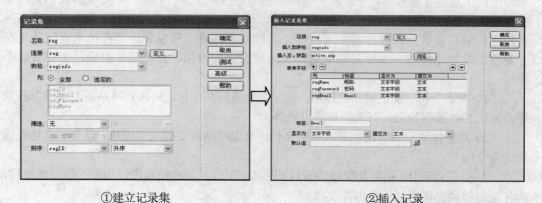

①建立记录集   ②插入记录

图 8-62 制作"用户注册"动态网页的操作思路

实践与提高

根据本模块所学内容，动手完成以下实践内容。

练习 1 创建"产品记录"网页

本练习将制作"产品记录"动态网页，最终效果如图 8-63 所示，其中将练习到 IIS 的配置、Access 数据库的创建、动态站点的配置、数据源的连接、记录集的创建、记录的插入、重复区域的添加、记录集导航条及记录集导航状态的创建等，练习时可参考电子资料包提供的相关效果文件。

效果图位置： 模块八\源文件\product\product.asp、product.mdb…

产品记录明细				
编号	型号	产品产量	产品库存	产品销量
4	L-V200	6000	15000	6000
2	L-V100	8000	10000	6000
3	L-X100	4000	10000	5000
			第一页	上一页
			记录 4 到 6 总共 6	

图 8-63 "产品记录"动态网页的制作效果

练习 2 动态网站开发流程

相对于静态网站而言，动态网站的开发要复杂一些。为了让大家更加熟悉动态网页的开发，下面就其开发流程进行简要介绍。

从功能方面来讲，静态网站主要实现的是信息展示的功能，而动态网站则兼顾信息展示和用户信息交互等多种功能；从开发涉及的专业技术来讲，静态网站主要涉及的是网页制作技术，重在美工设计和 HTML 网页制作，而动态网站则涉及网页设计和制作、动态网页程序的编写及数据库操作等多项技术。所以动态网站的开发无论是在技术难度还是在专业性上，都比静态网站要复杂，其开发流程也更为细化、分工更加明确，主要有以下流程。

（1）需求分析。确定网站的作用。确定之后就将其细化，具体到网站需要实现哪些功能，要达到的预期效果，以及栏目的设置等。

（2）功能模块设计。根据需求分析文档，确定网站需要的功能模块，以及这些功能模块的各个细节。

（3）数据库设计。根据功能模块设计的需要，配合各功能模块设计相关的数据库结构，为各功能模块提供必要的数据库支撑。

（4）后台程序开发。按照功能模块设计的要求，结合设计好的数据库，进行后台程序开发，以实现动态网站的底层核心功能及后台管理程序。

（5）前台程序开发。按照功能分析设计的要求，结合完成的后台程序，进行前台程序开发，实现数据库内容的呈现，以及为访问者提供交互界面。

（6）网站页面设计。由美工人员按照网站需求分析文档的要求，结合程序开发功能实现的需要，进行前台页面的美工设计及页面制作。

（7）程序与页面整合。由美工和开发人员共同将静态页面同动态程序模块进行整合。

（8）网站发布和测试。将动态网站发布到支持动态网站技术的运行平台上，并进行必要的测试（此流程将在下一模块进行详细介绍）。

模块九

发 布 站 点

网站制作完成后，需要将其发布到 Internet 上，浏览者才能通过访问 Internet 看到制作的网页。而在发布网站前首先需要申请主页空间和域名，并进行必要的测试，以保证发布到 Internet 上的网站能正常运行。本模块将对上述内容进行全面讲解，以使读者达到熟练掌握网站发布前后的各种操作方法。

学习目标
📖 熟悉主页空间和域名的申请方法。
📖 了解并熟悉兼容性测试，检查并修复链接及检测下载速度等操作。
📖 熟悉远程信息的配置方法并掌握站点的发布操作。

任务一　申请主页空间及域名

◆ 任务目标

本任务的目标是在"虎翼网"网站中申请主页空间及域名（试用型），通过本任务掌握主页空间及域名的申请方法。

本任务的具体目标要求如下：
（1）注册用户。
（2）申请主页空间和域名。
（3）开通主页空间。

◆ 操作思路

本任务的操作思路较简单，涉及的知识点主要有用户注册和主页空间及域名的申请以及主页空间的开通操作。具体思路及要求如下：
（1）登录"虎翼网"网站并注册申请空间和域名。
（2）开通主页空间。

操作一　注册并申请主页空间与域名

（1）启动 IE 浏览器，在地址栏中输入"www.51.net"，按"Enter"键登录"虎翼网"网站，单击"免费试用，立即注册"图像超级链接，如图 9-1 所示。

（2）在打开的网页中根据提示输入会员名称、密码、联系电话及验证码等注册信息，如图 9-2 所示。

图 9-1　注册免费试用的主页空间

图 9-2　填写注册信息

（3）根据实际情况选中感兴趣的产品复选框，并选中"个人"单选按钮，然后选中"我已阅读并同意虎翼网服务条款"复选框，最后单击"快速注册"按钮，如图 9-3 所示。

（4）打开提示注册成功的对话框，单击"确定"按钮，如图 9-4 所示。

图 9-3　提交注册信息

图 9-4　注册成功

（5）在打开的网页中提示了虎翼网的试用信息，其中强调了有 3 次试用机会，如图 9-5 所示。

（6）在当前网页中选择需进行试用的机型，这里单击第 1 种机型下方的"试用该服务"超级链接，如图 9-6 所示。

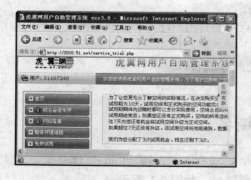

图 9-5　提示拥有的试用次数

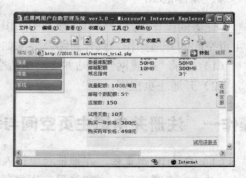

图 9-6　选择试用服务

（7）打开提示对话框，提示需利用网页右侧的"在线客服"系统让客服人员开通试用服务，单击"关闭"按钮，如图 9-7 所示。

图 9-7　准备开通试用服务

操作二　开通主页空间

（1）单击"在线客服"系统中当前在线的客服人员头像，并要求其开通申请的试用空间，如图 9-8 所示。

（2）待客服人员确认开通后，退出"虎翼网"网站的管理系统页面，并在其首页上方输入刚申请的用户名和密码，然后单击"登录"按钮重新登录，如图 9-9 所示。

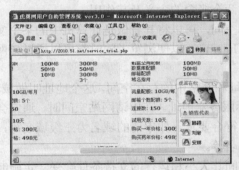

图 9-8　与客服人员沟通

图 9-9　重新登录

（3）进入管理系统页面，单击左侧的"空间设置"选项卡，如图 9-10 所示。

图 9-10　登录管理系统

（4）此时将在打开的网页中显示试用期间的临时域名，单击该域名超级链接，如图9-11所示。

（5）此时将在打开的网页中显示空间成功开通的信息，如图9-12所示。

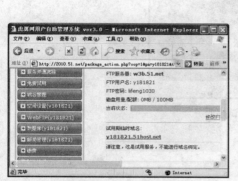

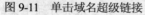

图 9-11　单击域名超级链接

图 9-12　空间开通成功

◆ **学习与探究**

本任务主要对主页空间和域名的申请与开通操作进行了练习。下面将进一步对主页空间和域名的概念进行探究，以便更好地了解这两个概念的含义及其作用。

主页空间是用于存放 Internet 网站内容的空间，可以将其看做是计算机中的某个文件夹，只是该计算机保持开机状态，而且接入了 Internet，以便浏览者随时都可以通过该网站来访问网站里的页面。

网站要在互联网中运行，就需要有访问地址和网络中的存在空间，这个地址叫做域名，如"http://www.baidu.com"，它指向网站的实际服务器地址。在申请网站空间时，通常会同时提供访问网站的域名，但这些域名可能并不符合要求，如申请的域名为三级域名等，此时可以自行申请免费或收费的域名，如二级域名等。

网站空间有免费和收费两种。免费网站空间其大小和运行的支持条件会受一定限制，相对于收费空间来讲较不稳定，对存放在其上的网站没有保障，网站资料很容易丢失，因此在申请免费网站空间时一定要选择一些口碑好的大型网站提供的免费网站空间，相对来说较为安全。收费网站空间一般由网站托管机构提供，其空间大小及支持条件可供用户根据需要进行选择，而且稳定性和相关咨询服务会更好，适用于企业和对稳定性等客观条件有较高要求的个人用户。

任务二　测试"公司简介"本地站点

◆ **任务目标**

本任务的目标是对提供的网页进行兼容性测试，然后对站点范围内的链接进行全面的检查及修复，最后查看并设置下载速度。通过练习掌握发布站点前对站点进行测试的各种必要操作。

素材位置： 模块九\素材\company\index.html、product.html、fankui.html…
效果图位置： 模块九\源文件\company\index.html、product.html、fankui.html…

本任务的具体目标要求如下：
（1）对站点进行兼容性测试。
（2）检查并修复站点范围内的链接情况。
（3）检测下载速度并进行适当设置。

◆　**操作思路**

本任务的操作思路如图 9-13 所示，涉及的主要知识点有目标浏览器设置、兼容性测试、网页链接检查、本地站点部分链接检查、整个站点链接检查、修复站点链接及下载速度的检测与设置。具体思路及要求如下：
（1）对目标浏览器版本进行设置后测试网站兼容性。
（2）对站点中的网页链接、部分链接及整个站点链接进行全面检查与修复。
（3）检测并设置下载速度。

①兼容性测试　　　　②检查站点范围内的链接　　　　③设置下载速度

图 9-13　测试"公司简介"网页的操作思路

操作一　兼容性测试

（1）打开电子资料包提供的"index.html"网页文件，单击"检查页面"按钮，在弹出的下拉菜单中选择【设置】命令，如图 9-14 所示。

图 9-14　选择【设置】命令

（2）打开"目标浏览器"对话框，在其中可选中需设置的浏览器对应的复选框，并在其右侧的下拉列表框中设置最低版本，然后单击"确定"按钮，如图 9-15 所示。

（3）在网页下方打开"结果"面板，在"浏览器兼容性检查"选项卡中将显示检测到的兼容性问题，如图 9-16 所示。

图 9-15　设置目标浏览器

图 9-16　检查兼容性

（4）单击"结果"面板左侧的"浏览报告"按钮，此时将在打开的页面中显示问题的详细信息，如图 9-17 所示。

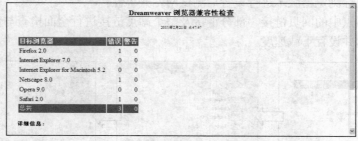

图 9-17　显示详细信息

（5）单击"结果"面板左侧的"保存"按钮，可在打开的"另存为"对话框中设置兼容性检查结果文件的保存位置和名称，如图 9-18 所示。

（6）双击结果选项，此时 Dreamweaver 将自动进入拆分视图模式，并在其中选中错误代码，如图 9-19 所示，将该错误代码重新修改后即可修复兼容性问题。

图 9-18　保存结果文件

图 9-19　修复兼容性问题

操作二　检查并修复站点范围的链接

（1）打开需检查链接的网页文件，选择【文件】→【检查页】→【链接】菜单命令，如图9-20所示。

（2）打开"结果"面板，在"链接检查器"选项卡中将显示检查到的该网页中所有断掉的链接，如图9-21所示。

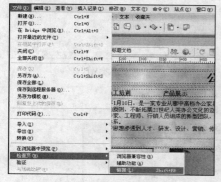

图9-20　选择"链接"命令　　　　　图9-21　显示断掉的链接

（3）在"显示"下拉列表框中选择"外部链接"选项，如图9-22所示。

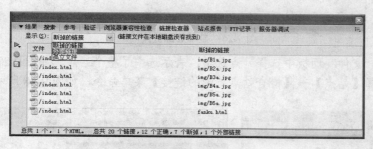

图9-22　选择显示类别

（4）此时将在面板中显示检查到的外部链接问题，如图9-23所示。

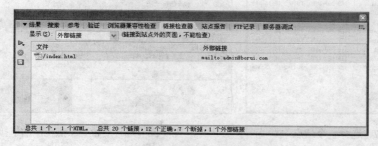

图9-23　显示外部链接问题

（5）在"文件"面板中的某个站点下的网页选项上单击鼠标右键，在弹出的快捷菜单中选择【检查链接】→【选择文件/文件夹】菜单命令，如图9-24所示。

（6）在"结果"面板中将显示检查到的该网页及其所在文件夹的链接问题，在"显示"下拉列表框中选择"外部链接"选项，如图 9-25 所示。

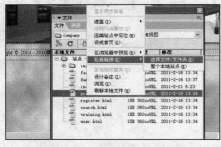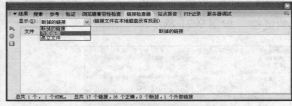

图 9-24　选择"选择文件/文件夹"命令　　　　　图 9-25　选择显示类别

（7）此时将显示检查到的外部链接问题，如图 9-26 所示。

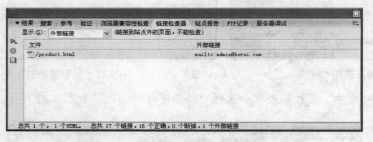

图 9-26　显示外部链接问题

（8）在"文件"面板中选择站点选项，表示选中了整个站点，如图 9-27 所示。

（9）选择【站点】→【检查站点范围的链接】菜单命令，如图 9-28 所示。

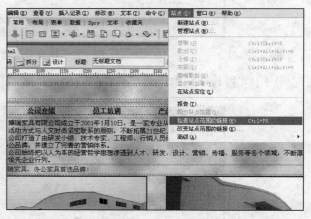

图 9-27　选择整个站点　　　　　图 9-28　选择"检查站点范围的链接"命令

（10）打开"结果"面板，在"链接检查器"选项卡中将显示检查到的该站点中所有断掉的链接，如图 9-29 所示。

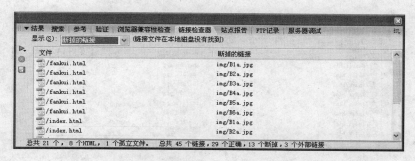

图 9-29 显示站点中所有断掉的链接

（11）在"显示"下拉列表框中选择"外部链接"选项，此时将显示站点中所有的外部链接问题，如图 9-30 所示。

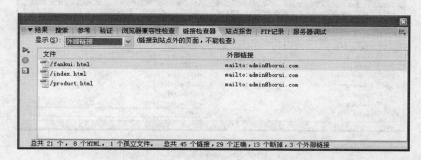

图 9-30 显示站点中所有的外部链接问题

（12）在"显示"下拉列表框中选择"孤立文件"选项，此时将显示站点中所有的孤立文件，如图 9-31 所示。

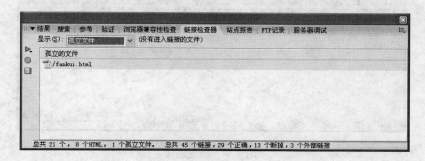

图 9-31 显示站点中所有的孤立文件

 提示 只有对整个站点进行了链接检查后，才能在"结果"面板的"链接检查器"中显示检查到的孤立文件情况。

（13）在"显示"下拉列表框中选择"断掉的链接"选项，并在列表框右侧的某个链接上单击鼠标，使其呈可编辑状态，如图 9-32 所示。

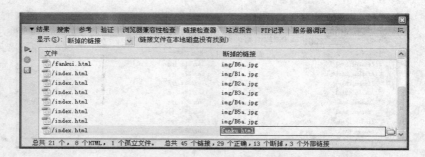

图 9-32　激活链接文本

（14）输入正确的链接名称，如图 9-33 所示。

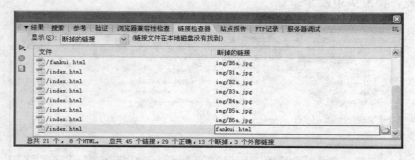

图 9-33　编辑链接文本

（15）按"Enter"键确认编辑，此时在"显示"下拉列表框中选择"孤立文件"选项，可见问题链接已修复成功，如图 9-34 所示。按照相同的方法修复其他问题即可。

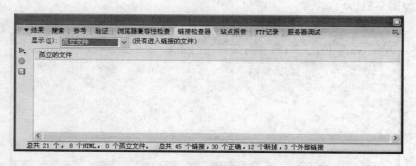

图 9-34　修复链接

操作三　下载速度检测

（1）打开需检测下载速度的网页，在该网页文件窗口的状态栏右侧便将显示其下载速度，如图 9-35 所示。

（2）若需设置下载速度，可选择【编辑】→【首选参数】菜单命令，如图 9-36 所示。

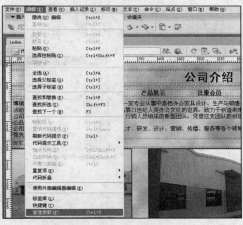

图 9-35 查看下载速度 　　　　　　　图 9-36 选择"首选参数"命令

（3）打开"首选参数"对话框，在"分类"列表框中选择"状态栏"选项，如图 9-37 所示。

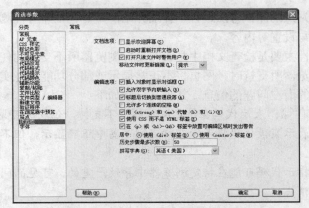

图 9-37 打开"首选参数"对话框

（4）在"窗口大小"列表框中可更改网页窗口的宽度和高度，如图 9-38 所示。

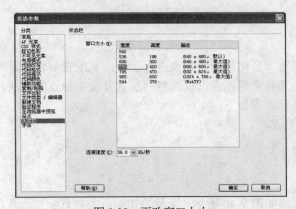

图 9-38 更改窗口大小

（5）在"连接速度"下拉列表框中即可对下载速度进行设置（无特殊要求一般采用默认设置），完成后单击"确定"按钮，如图 9-39 所示。

图 9-39 修改下载速度

◆ **学习与探究**

本任务主要对站点的测试方法进行了详细介绍，重点包括兼容性测试、链接检查与修复及下载速度检测与设置等内容。

其中测试兼容性主要是检查文档中是否有目标浏览器所不支持的任何标签或属性，当有元素不被目标浏览器所支持时，网页将不正常显示或部分功能不能实现。目标浏览器检查提供了 3 个级别的潜在问题的信息，其含义分别如下：

● 告知性信息🗩：表示代码在特定浏览器中不支持，但没有可见的影响。

● 警告◑：表示某段代码将不能在特定浏览器中正确显示，但不会导致任何严重的显示问题。

● 错误❶：指示代码可能在特定浏览器中导致严重的、可见的问题，如导致页面的某些部分消失。

任务三 发布"公司简介"站点

◆ **任务目标**

本任务的目标是将"公司简介"站点进行远程信息配置后将其发布到前面申请的主页空间中，通过练习熟悉并掌握站点远程信息的配置及发布站点的方法。

本任务的具体目标要求如下：

（1）远程信息配置。

（2）发布站点。

◆ **操作思路**

本任务的操作思路如图 9-40 所示，涉及的知识点主要有配置远程信息和发布站点。具体思路及要求如下：

（1）对"公司简介"站点进行远程信息配置。

（2）将该站点发布到主页空间中。

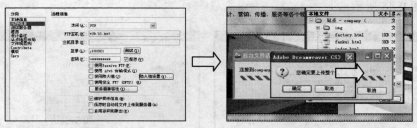

①配置远程信息　　　　　　　②发布站点

图 9-40　发布"公司简介"站点的操作思路

操作一　配置远程信息

（1）打开网页，选择【站点】→【管理站点】菜单命令，如图 9-41 所示。

（2）打开"管理站点"对话框，在列表框中选择"company"选项，单击"编辑"按钮，如图 9-42 所示。

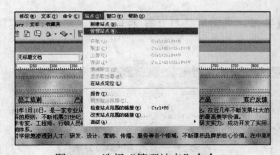

图 9-41　选择"管理站点"命令

图 9-42　编辑站点

（3）在打开的对话框中单击"高级"选项卡，如图 9-43 所示。

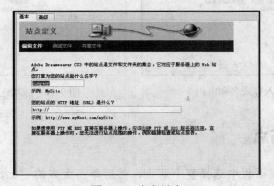

图 9-43　定义站点

（4）在"分类"列表框中选择"远程信息"选项，在右侧的"访问"下拉列表框中选择"FTP"选项，如图 9-44 所示。

（5）在"FTP 主机"文本框中输入相应的信息（可根据申请的空间中提供的信息来输入），如图 9-45 所示。

图 9-44 选择访问方式

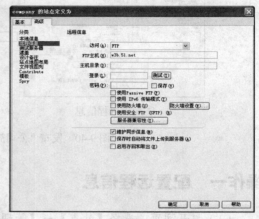

图 9-45 输入 FTP 主机地址

（6）在"登录"和"密码"文本框中分别输入相应的信息，然后单击"测试"按钮，如图 9-46 所示。

（7）Dreamweaver 将开始连接 Web 服务器，成功后将打开提示对话框，单击"确定"按钮即可，如图 9-47 所示。

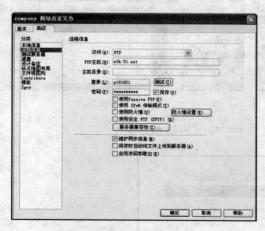
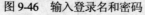

图 9-46 输入登录名和密码

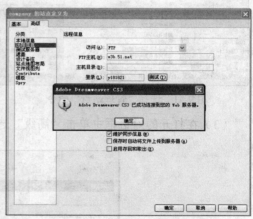

图 9-47 成功连接 Web 服务器

操作二 发布站点

（1）在"文件"面板中选择整个站点，然后单击上方的"上传文件"按钮，如图 9-48 所示。

（2）Dreamweaver 开始连接 Web 服务器，并打开提示对话框，单击"确定"按钮即可，如图 9-49 所示。

图 9-48　上传站点

图 9-49　确认上传

（3）在"文件"选项卡右上方的下拉列表框中选择"远程视图"选项，此时将在下方显示成功上传的文件，如图 9-50 所示。

（4）若只上传部分网页，则可在"文件"面板中选择需上传的网页，然后单击"上传文件"按钮🔼，并在打开的对话框中单击"是"按钮即可，如图 9-51 所示。

图 9-50　上传的文件

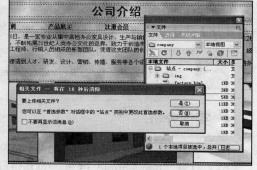

图 9-51　上传部分文件

◆ 学习与探究

本任务主要是对站点的远程信息配置及发布操作进行讲解。网站发布后，如何增加其访问量是网页设计制作人员最为关心的问题，下面将对这方面的内容进行学习与探究。

提高站点的访问量实际上就是宣传站点。宣传点的方法有多种，下面对常用的几种方式进行简要介绍。

1．与其他网站互作链接

浏览网页时经常看到很多网站具有"友情链接"栏目，这就是站点之间的互相推广。这种站点推广方式通常出现在合作网站之间。

2．在搜索引擎注册、登记

搜索通常有两种：数据库中的关键字搜索和网页 Meta 关键字的搜索。大型网站注册后，可在该网站的搜索引擎中搜索到网页，这是一种较为有效的宣传方法。

搜索引擎网站有很多，如百度、搜狐和网易等。用户可以分别到这些网站上注册，也可使用"登录奇兵"网站一次性注册。

3．在留言板、论坛、聊天室、社区、博客上做宣传

在人气较旺的一些留言板、论坛、聊天室、社区或博客上发表一些吸引人的文章，并留下网址，以提高访问量。

4．媒体宣传

在电视、报纸、户外广告或其他印刷品等传统媒介中对网站进行宣传。这种方式适合比较大型的网站和商业网站，其花费较大。

实训一　测试"车友之家"网站

◆ 实训目标

本实训将对"车友之家"网站进行全面测试。其中将主要涉及兼容性测试、链接检查与修复及下载速度检查等操作，通过本实训进一步巩固网站测试的各种方法。

 素材位置： 模块九\素材\car\home.html、show.html、zhanting.html…

◆ 实训分析

本实训的制作思路如图 9-52 所示，具体分析及思路如下。

（1）打开"home.html"网页，对其进行兼容性测试，包括相关设置。

（2）分别对"home.html"网页进行链接检查、对该网页及涉及的文件和文件夹进行链接检查，并对网页所在的整个站点进行链接检查，最后修复检查出的问题。

（3）检测并设置"home.html"网页的下载速度。

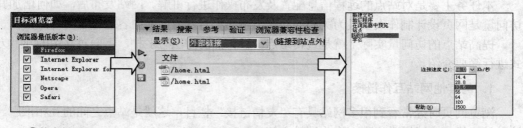

①兼容性设置　　　　　②链接检查　　　　　③下载速度设置

图 9-52　测试"车友之家"网站的操作思路

实训二　发布"车友之家"网站

◆ 实训目标

本实训将对"车友之家"网站进行远程信息配置并发布，通过本实训进一步巩固网站发布的相应操作。

> **素材位置：** 模块九\素材\car\home.html、show.html、zhanting.html⋯

◆ 实训分析

本实训的制作思路如图 9-53 所示，具体分析及思路如下。

（1）打开"home.html"网页，对"car"站点进行远程信息配置，包括设置访问方式、FTP 主机地址、登录名及密码等信息，并进行测试。

（2）将整个站点的内容全部发布到申请的主页空间中。

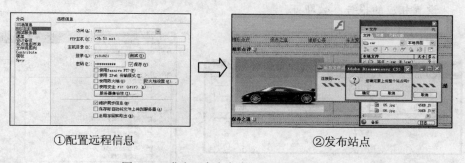

①配置远程信息　　　　　　　　　　　②发布站点

图 9-53　发布"车友之家"网站的操作思路

实践与提高

根据本模块所学内容，动手完成以下实践内容。

练习 1　申请主页空间及域名

本练习将在"网联中国"（http://www.99to.com）网站中申请主页空间和域名，巩固注册用户、申请空间和域名及开通空间和域名等操作。

练习 2　测试并发布"红玫瑰化妆品"网站

本练习将对电子资料包提供的"红玫瑰化妆品"网站进行测试并发布，通过练习进一步掌握网站的兼容性测试、链接的检查与修复、下载速度的检测与设置、远程信息的配置及网站的发布等操作。

效果图位置：模块九\素材\rose\index.html、introduction.html、other.html、us.html…

练习 3　站点的管理与维护

网站发布后还应该根据实际情况的变化定期对网站进行管理和维护，下面介绍两种最常用的站点管理与维护方法，希望读者通过自行上机练习来逐步掌握相关操作。

- 同步功能：由于本地站点文档和远端站点文档都可以进行编辑，因此可能出现文件不一致的情况，此时使用同步功能可保证本地站点和远端站点中的文件都是最新的文件。此功能的使用方法为选择【站点】→【同步站点范围】菜单命令，打开"同步文件"对话框，如图 9-54 所示，保持"同步"下拉列表框中的选项不变，在"方向"下拉列表框中选择"获得和放置较新的文件"选项，然后单击"预览"按钮进行预览，最后单击"确定"按钮即可。

- 站点报告：此功能可以提高站点开发和维护人员之间合作的效率。使用方法为选择【站点】→【报告】菜单命令，打开"报告"对话框，如图 9-55 所示。在其中设置相应的报告参数即可。

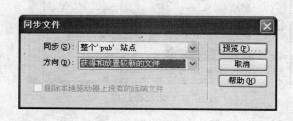

图 9-54　"同步文件"对话框

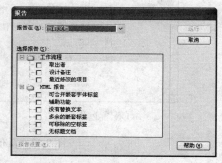

图 9-55　"报告"对话框

反侵权盗版声明